与
贝聿铭
同行

I.M.Pei

上海当代艺术博物馆
编

上海人民美術出版社

1925 : RAGNAR OSTBERG
1929 : SIR PERCY SCOTT
1933 : HENRY VAUGHAN
UNWIN 1937 : PROFESSOR
FRANK
1941
VICTOR
1947
PERRET
LE
1955 : DR.
LUDWIG
1962
DR. R.
1977

本书由十位与贝聿铭曾经共事或深受其影响的建筑师、建筑界学者、艺术家执笔，以专业视角为大众解读为什么贝聿铭成为世界上最成功的华裔建筑师。从华盛顿的美国国家美术馆东馆到巴黎卢浮宫的改造项目，从北京香山饭店到苏州博物馆，贝聿铭留给世界和中国的建筑遗产建基于他对空间的理解和与文化的对话。本书通过十篇与贝聿铭同行的专业人士的评述与追忆文章，以及贝聿铭十多个建筑项目的照片，展现了贝聿铭的建筑哲学和人生智慧，探讨我们在今天应如何在传承中发展当代建筑。

目录

路思义纪念教堂，中国台湾台中市，1963 年建成。

路思义纪念教堂，中国台湾台中市，1963 年建成。

路思义纪念教堂，中国台湾台中市，1963 年建成。

美国国家大气研究中心，美国科罗拉多州博尔德，1967 年建成。

图源：si.si.young / Alamy Stock Photo，摄于 2025 年

美国国家大气研究中心，美国科罗拉多州博尔德，1967 年建成。
图源：Curved Light USA / Alamy Stock Photo，摄于 2013 年

艾弗森博物馆，美国纽约州雪城，1968 年建成。

图源：debra millet / Alamy Stock Photo，摄于 2016 年

verizon

康奈尔大学赫伯特·约翰逊艺术博物馆，美国纽约州伊萨卡，1973 年建成。

图源：Serhii Chrucky / Alamy Stock Photo，摄于 2021 年

康奈尔大学赫伯特·约翰逊艺术博物馆，美国纽约州伊萨卡，1973 年建成。

图源：Jeremy Graham / Alamy Stock Photo，摄于 2018 年

美国国家美术馆东馆，美国华盛顿特区，1978 年建成。

图源：Stock Connection Blue / Alamy Stock Photo，摄影：Jim Pickerell

美国国家美术馆东馆，美国华盛顿特区，1978 年建成。

图源：Everyday Artistry Photography / Alamy Stock Photo，摄于 2018 年

美国国家美术馆东馆，美国华盛顿特区，1978 年建成。

亚历山大 · 考尔德最大的动态雕塑《无题》悬挂于中庭。

图源：B. O' Kane / Alamy Stock Photo，摄于 2009 年

约翰·肯尼迪总统图书馆暨博物馆，美国马萨诸塞州多切斯特，1979 年建成。

图源：imageBROKER.com / Alamy Stock Photo，摄影：Marc Rasmus，摄于 2018 年

John F. Kennedy
PRESIDENTIAL LIBRARY AND MUSEUM

约翰·肯尼迪总统图书馆暨博物馆，美国马萨诸塞州多切斯特，1979 年建成。
图源：Roy Johnson / Alamy Stock Photo，摄于 2021 年

John F. Kennedy

莫顿·H. 梅尔森交响乐中心，美国得克萨斯州达拉斯，1989 年建成。

图源：Jinwon Lee / Alamy Stock Photo，摄于 2017 年

AT&T Performing
Arts Center
Cathedral
Guadalupe

莫顿·H. 梅尔森交响乐中心美国得克萨斯州达拉斯，1989 年建成。
图源：Witold Skrypczak / Alamy Stock Photo，摄于 2009 年

新门广场大楼，新加坡，1990 年建成。

图源：Phillip Bond / Alamy Stock Photo，摄于 2015 年

卢浮宫金字塔，法国巴黎，1993 年建成，地上部分位于拿破仑广场。
图源：BERK OZDEMIR / Alamy Stock Photo，摄于 2022 年

卢浮宫金字塔，法国巴黎，1993 年建成。

图源：Hemis / Alamy Stock Photo，摄影：CHICUREL Arnaud / hemis.fr，摄于 2009 年

卢浮宫的购物中心，法国巴黎，1993 年建成，顶部结构为倒金字塔形。
图源：Hercules Milas / Alamy Stock Photo，摄于 2016 年

LOUVRE
ENTRÉE
MUSÉE
DU LOUVRE
HANGE

摇滚名人堂和博物馆，美国俄亥俄州克利夫兰，1995 年建成。

图源：WorldFoto / Alamy Stock Photo，摄于 2009 年

美秀美术馆，日本滋贺县信乐町，1997 年建成。

图源：Iain Masterton / Alamy Stock Photo

美秀美术馆，日本滋贺县信乐町，1997 年建成。

图源：Iain Masterton / Alamy Stock Photo，摄于 2007 年

中国银行总行大楼，中国北京，2001 年建成。

图源：GFC Collection / Alamy Stock Photo，摄于 2011 年

中国银行
BANK OF CHINA

德国历史博物馆，德国柏林，2003 年建成。

图源：Maximilian Weinzierl / Alamy Stock Photo

德国历史博物馆，德国柏林，2003 年建成。

图源：imageBROKER.com GmbH & Co. KG / Alamy Stock Photo

摄影师：Arco Images / J. Hildebrandt

-1

苏州博物馆，中国苏州，2006 年建成，博物馆融合于苏州老城区。
图源：Sen LI / Alamy Stock Photo，摄于 2021 年

苏州博物馆，中国苏州，2006 年建成。

图源：Michael Freeman / Alamy Stock Photo，摄于 2007 年

苏州博物馆，中国苏州，2006 年建成。

图源：Imaginechina Limited / Alamy Stock Photo，摄于 2018 年，摄影：Imaginechina-Tuchong

伊斯兰艺术博物馆，卡塔尔多哈，2008 年建成，博物馆位于帆船港湾。

图源：Gavin Hellier / Alamy Stock Photo，摄于 2011 年

伊斯兰艺术博物馆，卡塔尔多哈，2008 年建成。

图源：Iain Masterton / Alamy Stock Photo，摄于 2018 年

贝聿铭的中国根

林兵

2015年，《贝聿铭全集》的中文版在中国首次发行，贝聿铭先生特意为中文版作序。他写到自己一生的作品大多在欧美，虽自称是一名“西方建筑师”，但“中国文化对他影响至深”，他一生都在“探索一条中国建筑发展的现代之路”。贝先生曾说，虽然他生于中国，但中国背景对他的设计影响是下意识的，不是刻意的。贝先生的建筑设计行走于东西方之间，它属于世界。

贝聿铭先生1917年出生于广州，后因其父亲工作调动，随家人搬去香港。他10岁时，举家搬到上海生活，直至1935年他赴美留学。在上海求学期间，他曾三次回老家苏州过暑假，在苏州度过的三个夏天对他产生了很大的影响。他第一次见到自己所属的那个大家族，他也意识到人与自然的关系。在他儿时记忆中的苏州，人们以诚相待，互相尊重。当时，狮子林是贝家的私家园林，园中的假山和空间尺度给贝先生留下深刻的印象，苏州的传统人文思想以及园林中人与自然的和谐关系对他日后的建筑设计产生了重要的影响。

1932 年，纽约现代艺术美术馆举办了展览“国际风格：1922 以来的建筑”，包豪斯（Bauhaus）学派自此正式进入美国。初到美国求学的贝先生敏锐地感受到建筑设计的未来，他决定从以传统学院派教学为主的宾夕法尼亚大学转入麻省理工学院，之后进入哈佛大学设计研究所继续深造。他如饥似渴地学习法国现代建筑鼻祖勒·柯布西耶（Le Corbusier）和包豪斯学派创始人瓦尔特·格罗皮乌斯（Walter Gropius）的现代设计理念，并最终有幸师承格罗皮乌斯，由他作为自己研究生毕业设计的导师。虽然贝先生非常佩服格罗皮乌斯，但他并未全盘接受导师的论点，并对包豪斯的部分理念提出了不同观点。格罗皮乌斯没有拒绝年轻的贝先生的理论挑战，他建议学生通过毕业选题来证明自己的观点，贝先生选择将“上海中华艺术博物馆”作为其研究生毕业设计的选题。

1946 年，在毕业设计开始之前，贝先生写信给他的好友，信中提到他一直在思考建筑表现的地域性和民族性的问题。虽然导师觉得这个课题很难，但他认为有必要探讨，并且他相信现代主义建筑成熟以后，地域性和民族性自会形成。贝先生当时迫切地想寻找一种摒弃刻板印象的中国样式与细节

SECTION THROUGH LARGE GALLERY: Radiant heat, integral light sources, and continuous finishes. This section looks toward the entrance garden court, at right of which is a modern translation of the traditional Chinese Tea Garden. Usually located in the market place, or near the temple grounds, to serve men of all classes as a social center and place for intellectual exchange, its inclusion here in a museum is with the hope that it will help make the institution a living organism in the life of the people, rather than a cold depository of masterpieces.

贝聿铭在哈佛大学的研究生毕业设计方案，“上海中华艺术博物馆”的剖面图，1946 年。

的“新中式”，他将这个目标称为一个“不可能（实现）的梦”。他的此次毕业设计最终成为哈佛大学史上最优秀的学生设计之一。

贝先生将包豪斯的国际主义设计手法与中国传统文化相结合，在博物馆的平面布局上融入众多的下沉式庭院。穿行于展厅之间的观众可以在看展的同时，欣赏庭院的景致。他发现中国艺术品的形式与自然密不可分，因此最好的呈现方式是让它们与自然美景相结合。他在剖面图下方如此注释：“此剖面图面向入口庭院，其右为一中国传统茶室的现代诠释。中国的茶室通常位于集市或市政中心，是社会各阶层人士的社交场所，或是文人雅集之地。茶室可为博物馆增添人气和活力，而非冰冷的空间。”他认为属于中国的博物馆建筑“应有别于西方的博物馆，东方的象牙、玉器、瓷器和字画是私藏的物件，不适于在西方的博物馆空间中展出，而应当由更合适的空间展出”。虽然此时距他设计苏州博物馆尚有 60 年的时间跨度，但他对建筑的地域性、历史性、传统性和人文性的思考已然开始。导师格罗皮乌斯对此设计给予了高度评价：一个成功的设计师能够在不牺牲先进设计理念的同时，充分应用生活中的基本传统元素，在避免使用中国传统建筑形式的前提下，挖掘出白墙和庭园这两大公认的中国建筑元素，并以此组成整体的建筑设计是非常不容易的。这是贝先生首次将“以人为本”的中国人文思想与包豪斯的现代建筑理念相结合，是他第一次尝试寻找中国建筑设计的现代之路。

香山饭店

从哈佛大学设计研究所毕业后，贝先生供职于纽约最大的地产开发商旗下的韦伯纳普建筑公司（Webb & Knapp Real Estate Corp），主持设计了大批都市更新项目。他儒雅、谦虚、务实、敏锐的个性使他在当时的美国城市更新进程中崭露头角。他于1960年成立贝聿铭事务所，先后设计了美国国家大气研究中心、约翰·肯尼迪总统图书馆暨博物馆、华盛顿国家美术馆东馆等众多的地标性建筑，在国际建筑界逐渐打开知名度。1974年，在离开中国近40年后，贝先生随美国建筑师协会首次访华。他在北京感受到中国建筑当时的困境：既无法复制旧时的传统建筑，又无法延续苏联式的建筑，全盘照搬西方现代建筑也是不可取的。他希望寻找一条适合中国的现代建筑之路——这一点迫在眉睫——重启他源于哈佛大学时期的探索。他觉得这条适用于中国的现代建筑之路可能是中国建筑“文艺复兴”的开始。对这条路的探索，他会从香山饭店的设计着手。

贝聿铭先生 1978 年受邀重返中国，政府希望这位国际知名的华裔建筑师能在北京长安街设计一些现代化高层酒店。贝先生则认为应严格控制长安街周边的天际线，以确保故宫的金顶和蓝天之间的视觉景象不受未来城市发展的影响，因此他婉言谢绝了在此建酒店的提议。政府采纳了他的建议，并制定了故宫周边建筑严格的限高法规。贝先生认为故宫周边建筑的限高建议可能是他对北京城市规划做出的最大贡献。

贝先生参与了酒店的选址，选址对于贝先生的建筑设计非常重要。他的许多设计之所以能在日后成为经典建筑，与其完美的选址密不可分。贝先生与北京政府这次共同决定在北京西郊的香山设计一座五星级酒店。此处承载着深厚的历史底蕴，曾是清代康熙皇帝的行宫、乾隆皇帝扩建的“虚朗斋”

所在处，是“静宜园”二十八景之一——“静宜园”后被英法联军烧毁。1974 年，周恩来总理曾经来到香山，希望这里能建一座接待外宾的宾馆。现在，香山终于等来了它的设计师。贝先生被这里的古树和历史文化底蕴吸引，此处与他希望开展的源于中国传统文化的现代建筑探索非常契合。

不同于贝先生之前在美国设计的现代建筑，香山饭店是一座四层高的园林式建筑。建筑所处的位置生长着众多的古树名木。设计之初，建筑团队仔细勘测了用地范围内的树木，在尽量保护古树的前提下进行平面布局。为了最大化利用原本的景色和树木，贝先生将建筑布局设计成坐北朝南，游客

香山饭店设计方案效果图，使用了中国传统的立面透视绘图法，1979 年。

由北进入建筑，进入中央大厅，主景观位于南侧，客房则位于两侧的庭院之中。廊道及客房围绕着 11 个小花园来布置，游客可漫步于蜿蜒的廊道到达客房，一步一景，让人感觉仿佛置身于迷宫之中。建筑的外观采用粉墙黛瓦的灰白色，这一做法在日后也受到关于在北方做南方建筑的质疑。在香山饭店设计方案的建筑效果图的制作中，贝先生特意采用中国传统的立面轴测的透视手法，将建筑置于中国传统的山水之间。他还制作了重达 100 千克的建筑模型运抵北京。中国官员在见到香山饭店的设计时，并没有表示出特别的兴奋，甚至有点失望。他们没想到来自美国的贝先生的设计竟如此“中国”，但他们也没有提出反对，这与后来苏州官员初次见到苏州博物馆设计模型时的反应完全相反。

香山饭店平面及立面的设计采用了贝氏的模数化设计手法：通过一个规划模数进行平面和立面的设计，将不同材料结合在一起，使空间极具秩序感和逻辑感，也便于施工的控制和协调。这其实与中国传统的营造法式极其相似，它也是包豪斯现代建筑的核心设计手法之一。虽然香山饭店的外立面材料使用了中国传统的粉墙和灰砖，但贝先生希望灰砖的制作不仅能采用传统的工艺，还要满足建筑模数及现代建筑

香山饭店，中国北京，1982 年建成 © Pei Cobb Freed & Partners

香山饭店，中国北京，1982 年建成 © Pei Cobb Freed & Partners

贝聿铭在香山饭店 © Pei Cobb Freed & Partners

对平整度和精细度的要求。中国当时处于改革开放的初期，百废待兴，传统灰砖已停止生产。贝先生的驻场团队在当时找到了一位70多岁的老匠人，这才使传统制砖工艺得以恢复。他们最终从老匠人那里定制了酒店建筑所需的灰砖，以作为建筑外立面的装饰线条。

除了建筑，香山饭店的景观设计也是非常重要的设计部分。为此，贝先生聘请上海同济大学园林专业的教授陈从周先生作为他的顾问来参与园林设计。主庭园中有一处“虚朗斋”遗留的“流杯亭”残迹，它原是清代的曲水流觞水台。这一景观体现了中国文人对自然的崇尚及雅集的情趣，贝先生希望将其修复，并以此作为主庭园水景的源头，与周边的景观相连接。有了水，就需要山，找到合适的石材又成了他头头之事：他认为北方的石头太粗糙，而南方的太湖石又太细腻。在一次航空旅途中，贝先生从飞机杂志上看到云南石林的照片，石林壮观的岩柱让他眼前一亮。石林是世界上最大的剑状喀斯特地貌奇观，现在已是世界自然遗产，而将石林的山石作为大型假山用在建筑景观中，在当时可能是首次。对于贝先生的建筑设计来说，建筑、室内、景观、标识及品牌、艺术品、文创属于一体化的设计，他的团队参与了设计的全过程。这既是基于他对集成多领域设计的包豪斯传统的尊重，也是出于他对中国传统文化的热爱，以及对空间品质的高标准要求。

香山饭店的中庭是一个采用全天窗设计的明亮开放空间。不同于西方酒店的大堂，这一大堂相对独立，通过框景的门洞与周边空间相连。香山饭店大堂天顶的设计手法与贝先生对华盛顿国家美术馆东馆的设计相似，极具现代性和结构性。据贝先生香山饭店团队的助手回忆，虽然当时工作室有众多的项目，但贝先生对香山饭店的设计花费了大量时间，参与了每一个细节的设计。香山饭店项目是贝先生继哈佛大学毕业设计后对中国建筑现代之路的第一次实践性探索，对他个人的意义不言而喻。这一项目也开启了改革开放后中国现代建筑与传统的首次对话。香山饭店于 1982 年落成，获得了美国建筑学会的海外设计奖。1983 年，贝聿铭先生获得普利兹克建筑奖（The Pritzker Architecture Prize）。在我与贝先生的一次交谈中，他谈及香山饭店是他第一次回中国做的设计，自己日后反思，感到并不太满意。他觉得香山饭店可能是一座涂了“中国脸”的西方建筑，他希望有机会再次尝试，而这次机会便是对苏州博物馆的设计。

苏州博物馆

在设计香山饭店时，贝先生与他的挚友陈从周先生多次回到苏州。陈先生带着他会友、听曲、游园、品茗、尝鲜，江南的人文生活把贝先生带回了孩童时代，这是他既熟悉又陌生的，也是他所向往的。在国外时，他总自豪地向人介绍他来自中国苏州，那是一座东方的文化古城。苏州市曾多次邀请贝先生为老家留下一件建筑作品，他的回复是：对于苏州古城治理来说，理河道和增加绿化比建筑设计更重要。虽然贝先生婉言谢绝了设计苏州博物馆的邀请，但他心里无法平静。

2002 年 4 月，贝先生携夫人及全家如约回到苏州。待在苏州的几天里，他实地察看了苏州博物馆的选址及周边的建筑；再次游览了拙政园、狮子林、忠王府；到苏州博物馆的库房，饶有兴趣地观赏了博物馆的重要藏品。同时他还邀请中国的建筑专家张开济、周干峙、吴良镛、罗哲文等来到苏州与他晤谈，倾听他们对于苏州博物馆建筑设计的建议。也正是在这次晤谈中，贝先生首次提出“中而新，苏而新”的设计理念。在设计签约仪式举行前的 30 分钟，贝聿铭先生正式宣布他将接受苏州博物馆的设计“挑战”。他说，这将是他一生“最大的挑战，也可能是最后的挑战”，当时他已是 85 岁高龄。

苏州博物馆位于苏州古城的东北隅，毗邻世界文化遗产拙政园和太平天国忠王府，离开贝家曾经所有的狮子林 1000 米左右距离，周边以枕河人家的苏州传统民居为主。在设计之初，贝先生仔细了解了苏州博物馆的藏品。苏州博物馆的藏品以古代文人的器物以及字画为主，尺寸偏小，这为他建筑设计的尺度提供了重要的依据。通过对周边环境的仔细考察，他清楚地意识到苏州博物馆应当与周边园林及建筑在颜色、尺度、外观、视觉上融为一体。虽然他意识到“协调”的重要性，但他认为：协调的方式是多种的，他推崇的是传承与创新相结合而达成的协调；“新旧之间不必雷同，但须一脉相承，并由此达成承前启后的新旧和谐”。贝先生的方案设计用了七个月，在此期间，他对建筑的平面布局、建筑模数、立面、结构系统、景观、室内、展厅等都做了周密的考虑和设计。在方案设计完成后，他邀请苏州市的官员们到他的纽约事务所当面沟通。当时，代表苏州政府赴美的官员们对即将见到的方案有过诸多担心，而当看到模型的那一刻，他们放心了：从模型上看，苏州博物馆建筑并不容易与周边建筑明显地区分开。这种反应与早些年领导们对于香山饭店模型的反应正好相反。此时的苏州既是历史文化名城，也是中国名列前茅的经济发达城市，政府领导对于古城保护和城市规划格外关注。他们很欣慰地看到苏州博物馆的建筑方案设计做到了“中而新，苏而新”，并没有他们先前担心的突兀感。苏州博物馆设计方案很快便在苏州公示，得到了大部分市民的认同。

部分中国专家对于贝先生在苏州博物馆建筑方案中的屋顶采用的石材质疑，甚至认为新馆的屋顶将严重影响周边的苏州园林，并毁掉苏州的古城风貌，他们认为传统的瓦顶才是适合苏州古城的建筑形式。对于如此的质疑，贝先生认为：他无意使用传统的建筑符号来进行表面的点缀，他想走一条既尊重历史又具有时代感的新路。他提出自己是一名现代主义建筑师，他希望苏州博物馆的外墙设计与坡顶成为一个三维的整体，因此应摒弃诸如“大屋顶”等约束中国现代建筑发展的具象的传统元素。他认为传统固然重要，但需要对其深化、创新和发展。“只有发展，中国建筑才能走向新的辉煌。”同时，贝先生带领团队对屋顶的石材设计做了优化，在细节设计中体现传统瓦顶的层次感。2004 年，第二十八届世界遗

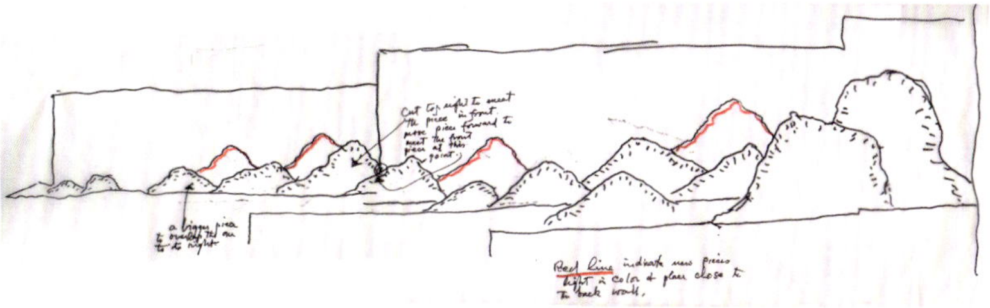

贝聿铭手绘的苏州博物馆片石假山设计图，“以壁为纸，以石为绘”，2002 年。

苏州博物馆，中国苏州，2006 年建成。片石假山使用了来自云南石林的石材。

图源：frederic REGLAIN / Alamy Stock Photo，摄于 2009 年

产大会在苏州召开期间，对苏州博物馆的屋顶进行了专题讨论，认为新的设计形式并没有对古城风貌造成影响，仿古并非古城新建筑必须采用的模式。

苏州博物馆整体设计及施工耗时四年，其间贝先生先后五次造访苏州。他曾多次与中国的专家交流，希望通过苏州博物馆的设计为中国现代建筑的发展做出自己的贡献。“借此带动更多的中国年轻建筑师追求、创作有中国精神的建筑。”作为博物馆建筑，苏州博物馆的建筑与博物馆的藏品、苏州的文化紧密结合，并在屋顶、光照、假山、展陈、空间等诸多方面有所创新。在其园林与展厅相结合的平面布置中，我们可以看到贝先生哈佛大学研究生毕业设计的影子。在为苏州博物馆做设计的四年间，贝先生陶醉于重温中国传统文化，他多次前往纽约大都会博物馆“学习”，思考对中国文物最好的展陈空间与方式。

对他来说，苏州博物馆的园林设计可能是最大的挑战，原由有二：一是博物馆邻近闻名世界的苏州园林拙政园和狮子林；二是他的故友陈从周先生已无法再次给予他协助，他只能自己走一条新路。应该说，苏州传统园林中的假山无论从材料方面，还是从堆山技艺方面，后人都很难有所超越。

苏州博物馆，中国苏州，2006 年建成。图源：苏州博物馆，摄影：周馨，2006 年

于是，贝先生以宋代米家山水画为蓝本，创作了片石假山。他用拙政园的后墙作为背景，以墙为纸，以石来绘，根据找到的石材的照片和模型，在工作室里进行设计，并到现场指导石材的吊装及摆放。对于石材切片后过于平整的这个问题，他采取火烧和打磨的手段来改变石材表面的色差，从而达到水墨透视的效果。这是他首次尝试做假山设计，该设计是一次传统与现代、具象与抽象的结合。苏州博物馆于 2006 年中秋开馆，贝先生用自己毕生的经验和思考完成了这次“挑战”，这也是他对中国建筑现代化的再一次尝试，他将此作品称为他的“人生自传”。

在《贝聿铭全集》中文版的序言中，贝先生写道：“中国建筑的根可以是传统的，而芽则应当是新芽，这也是中国建筑的希望所在。我所做的仅仅是一点尝试，我对中国年轻的建筑师们寄予厚望。”

一个阳台门合页

李虎

贝聿铭先生的一生辉煌漫长，作品的数量与体量惊人，我有机会亲眼看过其中一部分重要作品，这些作品的现场也令人信服。但我想从一个很小的细节来谈谈我对北京香山饭店——这是离我距离最近的极其特殊的贝聿铭建筑作品——的深刻印象。20 世纪 90 年代初，我在清华大学读书的时候，和同在清华大学建筑系就读的文菁经常骑车在北京城里寻觅出色的新建筑去看。当时，可选择的建筑不多，香山饭店是必然的选择。

十多年前的秋天，我们带着 OPEN 建筑事务所北京办公室的全体同事去爬香山，安排大家在香山饭店住了一晚，让年轻的同事们也能深度体验贝老的作品。我们也是第一次住进贝老设计的房子里，才有机会停下来细细体验观察到的细节。我们选择的是有阳台的顶层客房。客房内部很简单，贝先生的设计团队可能没有机会设计房间的室内，但外墙与门窗应该是建筑师控制的设计。

我们观察到，客房里那扇通往阳台的门会自动闭合，这里使用了一个由贝先生的团队设计和定制的特殊五金件。这个合页并不是电动的，甚至没有采用通常的弹簧装置（因为弹簧并不会很耐久）。这个合页的轴部连接着两片不锈钢片，两片不锈钢片相互咬接处呈倾斜角度，门在开启时，合页的转轴旋转，会让与门连接的那片不锈钢片由于倾斜的咬接关系而略微升起，从而增加一点微妙的阻力。但这种阻力会转化成向上抬升的势能，为平衡这种重力势能，一种自然而然的下落状态会带动合页的轴发生旋转，让合页恢复原状，把门自动关上。这个如此简单而优雅精妙的机械设计会让阳台门总是处于自觉关闭的状态。

这一个细节解决了很多酒店客房的设计“痛点”：由于担心门窗敞开浪费空调电力，越来越多的酒店都放弃了使用体验上更人性化的阳台或可开启的窗户。片面与刻板地追求节能的趋势让当下的建筑设计越来越忽视一些基本常识和人性化的需求。这让我想起三年前在伦敦街头看到的许多新建的全玻璃包裹的办公楼，这些办公楼毫无疑问都采用了教科书上的超级节能设计，但它们也的确没有一扇可以打开的窗户。贝聿铭先生团队的建筑师在50年前为北京留下的这个建筑作品里，以一个小细节证明这个矛盾可以解决。没有解决，只是因为建筑师缺少设计的智慧和关注细节的能力。

贝聿铭——远观和近取

唐克扬

谈到贝聿铭先生在当代中国建筑中所起的作用,可能很难仅仅用“美籍华人建筑师”或“普利兹克建筑奖得主”来概括他。苏州、广州、上海、纽约的低收入社区,巴黎“金字塔”,麻省理工学院与哈佛大学,东海大学,香山饭店,地产开发,城市愿景,乃至“我家设计师”……这些丰富的“提示词”在人工智能时代将会勾勒出一个更丰满的贝聿铭——对于我而言,是更立体的“时代的建筑师”。

故乡故事

这些年,经由诸多学者对“贝”的生平经历更细致地梳理,我对他有了新的认知——“贝”是英语语境中大家对他习惯的叫法。原来,贝聿铭不仅是苏州人,我们也可以把他称作广东人、上海人，至少他在这些地方度过了少年时代的大部分时间。在民国历史中，类似于贝氏家族经历的人不在少数。在这样的简历中，你能看到以上海为中心的苏浙地区和以广州、香港为中心的岭南地区政治、经济势力的勾兑，这两处地方在当时都得风气之先。贝氏家族的影响力甚至也到达北方，贝聿铭的一位叔祖贝寿同是更早一代留学欧美的建筑师，他毕业于德国夏洛滕堡大学，担任过具有教会大学性质的燕京大学校方的校园建筑顾问。燕京大学以具有“中国复兴风格”的大学校舍而闻名，同样引起过中国建筑界对于这属于民族风格还是“旧瓶装新酒”的争论。

我相信贝不是一个那么喜欢地理标签的人。尽管1946年，他在自己哈佛大学建筑系的毕业论文中，就设计了一座内蕴着中国园林的“上海中华艺术博物馆”。他也是那个喜欢拉斯洛·邬达克（Laszlo Hudec，1893—1958）设计的带有明显现代主义色彩的国际饭店的上海少年。贝不止一次表达过，自己少年时代就定居异国，又在那里接受大学教育，我们无妨叫他“美国建筑师”——与此同时，即使他已经加入美国籍，也仍关注着故国的建筑事业。1980年，在美国纽约的清华大学同学会举办的中国清华大学访美代表团欢迎会上，他以手书幻灯片表达："……在中国，我想应该先向后看，再向前走，不要求快，一步一步踏踏实实地前进……"

就算后来他终于在自己的故乡设计了"中而新，苏而新"的苏州博物馆，并在其中也融入了某种意义的"掇山理水"，但他的园林已非昔日的园林了。而贝聿铭人生的最终归宿也并不是纽约的高楼大厦，而是上东区一幢低调的面宽不足 4.6 米的独栋别墅。不管是在纽约偶然路过贝聿铭设计的建筑，还是在苏州每每走过昔日属于贝家的狮子林，我都会情不自禁地想起他和来处归处的瓜葛，想到他被这些地点标定，却又不太能被它们概括的一生。贝聿铭出走又落幕，最终成了文化领域最成功的海外华人之一。

在整个 20 世纪，"守"和"变"的文化困局使我们烦难不已，但对他似乎不大起作用。不论外人如何牵强附会，最终的事实是，这些剪不断、理还乱的困局，连同他可能怀有复杂情感的东西家业，都被抛在了大洋的两岸，抛在了散落世界的建成项目的幕后。

从这个角度而言，贝聿铭作为建筑师的故事也是 20 世纪中国人的故事，不过他的故事是很特殊的一种。

以现代主义为起点

贝聿铭的世界很远，但他的建筑离我很近。我曾经在2007年希望他能参加我在德国国家收藏馆策划的展览“活的中国园林”。出于一种模糊的直觉，我觉得园林对贝聿铭来说，可能是个好题目。产生这个想法，不仅因为我多次参观过他的多个建成项目——法国卢浮宫的金字塔、美国国家美术馆东馆……还因为我曾下榻过他设计的台北东海大学校园，在不同的时间流连于北京香山饭店……光是在他设计的苏州博物馆里，我便策划组织过两个不同的展览。大多数建筑很难兼顾观赏性和生活化两个维度，但我对他的作品的体验不仅来自远距离的“欣赏”，还来自朝夕之间的“亲炙”。和贝聿铭相仿，我从江南小城出走，却更喜欢“现代”。在久居海外之后，我又忍不住想象古老的中国传统如果“一步一步踏踏实实”，“先向后看，再向前走”，会产生一个什么样的结局——很可能，这条路将直接影响我现在的生活。早在1946年，当贝聿铭在哈佛大学的老师瓦尔特·格罗皮乌斯（Walter Gropius，1883—1969）受中国基督教大学联合董事会委托为华东大学做设计时，贝聿铭就已畅想过这样的设计远景：它既是建筑，又是某种程度的景观。从表面上看，贝聿铭当时构思的大多数建筑并不“现代”，它们是两三层高、有点传统意味的瓦顶建筑，是坐落在支柱上、底层架空的建筑，形成了与人工湖、池塘错落布局，并有廊庑连接的庭院，悬停于沼泽般的湿软环境上。后来，它们变成了东海大学师生的“家”。

这还不算完，贝聿铭于芝加哥的海德公园（Hyde Park）设计的大学公园公寓（University Park Condominium）是我曾住过的家。如其名称所示，它也是某种“家园”——我在其中度过了2000多个日日夜夜，因此说贝聿铭是“我家设计师”也不算过分。当然，我与他的这种缘分只系于偶然，但名建筑师通常乐于交付大众的明信片式印象，变成了我生活里不可剥离的一段经历。

这两幢巨无霸式的住宅楼社区和前述的现代大学一样，当然不是传统意义上的园林。贝聿铭和他早期的重要伙伴、克罗地亚人阿拉多·寇苏达（Araldo Cossutta）一起设计了这个罕见于大多数相关著述的建筑项目。芝加哥大学的中国留学生俗称这个建筑为“大白楼”，当地人更形象地将它称作“烤面包机”（The Toaster）。确实，这个建筑有两幢一模一样的双子板楼，中间有个仿佛烤面包机缝隙的庭院，像是冷不丁会从这里弹出来一片面包。它们沿着东西向的55街摆开，把本来就是主要干道的55街双向道路从南北方向上挑开，道路间的区域变成一块飞地，占满了两个半街区的东西向长度，以及街南街北的隙地，建筑的南北两个立面各自有足足108个窗户。

难怪这个区域的居民会产生如此联想。要知道，海德公园的大街两侧早已排满了一两层楼高的独立式住宅，很多建成于19世纪末，其中不乏有弗兰克·劳埃德·莱特（Frank Lloyd Wright）设计的罗比住宅（Robie House）这样的名作。在这里，哪怕是多层建筑，它们的体量仍接近于传统建筑，楼层数相对克制。约翰·戴维森·洛克菲勒（John Davison Rockefeller，1839—1937）在创办芝加哥大学这所相对年轻的学府时，芝加哥兴建的摩天大楼正拔地而起。20世纪上半叶，美国的文化和学术登顶了世界之巅，但在美国，建筑的“现代主义”依然没有正式抵达。早些年有很多中国文化名人在芝加哥求学，比如闻一多、穆旦、杨振宁、李政道……他们或许和其他大名鼎鼎的美国学者（比如实现了人类历史上第一台核反应堆的费米）一样，早就熟悉了海德公园这种低伏形态的街景。在这样一种语境下，贝聿铭和他的伙伴在

海德公园大学公园公寓，美国芝加哥，1961 年建成。摄影：孙乐，2025 年

1961 年建成的“烤面包机”极不寻常。直到 20 世纪末期，除了大学的重要工程，这一地区依然罕见能和大学公园公寓这样巨无霸式建筑相匹敌的建筑物。

现代主义在美国的境遇和贝聿铭本人在美国的情况类似。早在大萧条晚期，贝聿铭就已经抵达美国求学了。但他从麻省理工学院毕业后，有很长一段时期并未投身于我们熟悉的那些出彩的“作品”，而是有一段时间专注于“项目”。他和自己日后最主要的合作伙伴亨利 · N. 考伯（Henry N. Cobb）等人也是在这一时期逐渐熟悉起来的。贝聿铭可能在那种时代语境里意识到作为一个中国人备受质疑的现实以及可能的出路。这不是出于我的猜测，而是有迹可循的。比如，麻省理工学院的教授弗雷德里克 · 莫里斯（Frederick Morris）写给建筑学院院长的一封信里显示，已经在上海修学过相关系科的贝聿铭提出免修基础科学的要求，但莫里斯认为：“我不确定一个东方学生是否会被太多不熟悉的讨论弄糊涂了。”莫里斯在其假设里把美国学生作为比照对象，他含蓄地暗示，这些课程也含有某种（带有美国优越性的）文化因素，如果贝聿铭多学一点基础科学，他在班上的情形可能就会好一点儿。

海德公园大学公园公寓，美国芝加哥，1961 年建成。摄影：孙乐，2025 年

贝聿铭在 20 世纪 40 年代末出道后，意外地加入了犹太人开发商威廉·齐肯多夫（William Zeckendorf）创立的韦伯纳普（Webb Knapp Inc.）公司。他在美国范围内参与或主持建成了一系列自己的早期设计，比如海湾石油公司大楼（1949—1950 年）、里高中心（1952—1956 年）等。人们习惯将这些有较高利润率的开发“项目”称为“商业设计”，尤其是在今日的中国建筑学术圈。而“商业设计”心照不宣的反面是“为了设计而设计”，后者被认为是较能彰显作者意志的“作品”。其实，很难说“商业设计”和作为“纯”设计的“作品”之间有什么截然的界限，毕竟绝大多数建筑很难脱离商业操作的语境，就像电影也有“文艺片”或“小众电影”这样的类型。但是，哪怕是“小众”的建筑，在实用功能这一方面与“大众建筑” 也难以遽然区分。

无论如何，当时作为在西方社会地位普遍较低的华人，贝聿铭这段早期的从业经历很难被那些自命主流的白人高看。他在加入韦伯纳普公司后的一张记录照片显示，贝聿铭立在后排合影者的最右。他在那个时期的一些尴尬场面，后来成了建筑院校师生眼中的励志轶事——比如在 20 世纪 50 年代，德国裔的密斯·凡·德·罗已是声望如日中天的现代主义建筑师巨头，有一次他和贝聿铭在一个社交聚会上碰面，据说密斯面无表情地说：“我听说过你，你是和齐肯多夫一起的。”（You are with Zeckendorf.）

这并不奇怪，很多后半生大放光彩的明星建筑师在做“路人甲”的时期都遇到过类似的尴尬，比如后来设计的建筑造型极尽妖娆的美国国宝级建筑师弗兰克·盖里就默默无闻地做过很长一段时间的普通“项目”。这种对现实的迁就倒不一定是从新奇向平常的“降级”，而是建筑师不得不随现实而起舞，建筑师得有一定的“适应性”。甚至是一生追求简练和理性设计的贝聿铭在20世纪50年代参与纽约大中央火车站区域建筑的设计竞争时，都做了自己生平罕见的双曲线设计方案，这种设计在如今看来都算超前。而贝聿铭的老师格罗皮乌斯反倒主导设计建造了一幢外观平平无奇的大板楼，与其生平主张有违，那座建筑就是纽约中城至今仍为人诟病的泛美大厦（今大都会人寿大厦）。

但贝聿铭的特殊之处在于，他在务实的同时，并没有与后来促成他声名鹊起的学术圈子彻底脱钩。对于那些对他不利的人事和困难，贝聿铭自始至终保持着一种东方贵族式的风度——在他后来的照片中，我们越来越多地看到他招牌式的微笑。与其说他的以上做法是一种被动的姿态，毋宁说这是一种主动的选择。在尚称得上有“设计”追求的那些同时代的建筑师的圈子里，贝聿铭是最少高谈“观念”的，如果说他的设计还有什么可识别的个人风格，那就是简洁，这种一如既往的品质是通过扎实的造型能力和结构素养而达到的。贝聿铭从宾夕法尼亚大学转去麻省理工学院就读，他最早想成为一名工程师。贝聿铭在建筑设计上的不偏不倚，包含着对项目语境的顺适，包含着现代建筑对“绩效”（efficacy）的追求，可能还出于东方人含蓄的美学，后者也不仅仅体现为建筑的外表。

早在1943年，贝聿铭就已和哈佛大学建筑学院来自智利的学生埃米利奥·杜哈特（Emilio Duhart，1917—2006）合作进行了组件式的生活住宅创新。类似的实验正是格罗皮乌斯等人倡导的现代主义运动的一部分。这些实验试图以低投入高产出的产品化设计影响普通人的生活，设计面对的对象可能是战后工人、低收入人群等。贝聿铭和杜哈特的成果发表在《加州艺术与建筑》（*California Arts & Architecture*）和《进步建筑》（*Progressive Architecture*）这类杂志上，使我们有可能理解贝聿铭早年的思想起点，那也是现代主义建筑的起点：用类似预制混凝土、瓦楞铝板型材、嵌入式设备这样的标准化组件快速地搭建建筑——不仅包括结构，还包括建筑内部的设施和室内装修，组件的尺寸遵循九宫格式的平面，以便从各个方向进行组装。建筑师需要在有限的条件里创造出既灵活又宜居的“居住机器”，“有限”当然有利于降低成本，至于什么才算便宜又上佳的生活空间，则暴露了现代主义建筑最纠结的考虑方面之一。建筑师精心构造分隔厨房和饭厅的玻璃滑动屏风细部，描绘出一个明快舒适的生活核心，让居住者在为一家劳作时也能感受到某种生活质量，据说是为了“促使家庭成为民主（以及社区生活）最重要的细胞”，而不是让这种像是大批量生产的空间带给人们集体主义的联想。

这种琐碎细微且面对大众的建筑学并不一定是贝聿铭自己的生活日常，甚至也不是他后期的工作重点。看起来，他是顺手挑选了现代主义这一利器，作为最符合其性格的从业方向，强调技术和成本且又“进步”的现代主义碰巧与他的性格很“合拍”，有助于他在早年打破无处不在的行业和文化歧视。如果倒过来去理解他的做法，我们可能会产生这种印象：他只不过是“顺应”了这种在战后席卷一切的时代潮流。

面对城市，解决困难

我从未在有关贝聿铭的著作中见到有提及大学公园公寓项目的，但我第一次看到纽约基普斯湾广场（Kips Bay Plaza）双子楼时便觉得似曾相识。这座双子楼同样是韦伯纳普公司开发的地产项目。1957年的基普斯湾已经为芝加哥的类似设计奠定了基础。具有官方总结性质的出版物《贝聿铭全集》写道："基普斯湾的成功不仅在于其有限的预算，更重要的是……它还证明了不一定要大笔的钱才能做出好的建筑，低成本项目也可以创新。"这是一个低收入社区的城市更新项目，而且它是由罗伯特·摩西那样的"都市强人"（城市规划者）一手策划的。贝聿铭在早年除了介入商业开发，他"与时俱进"的一面还体现在对城市设计的关注上。1956年，哈佛大学在设计学院院长何塞普·路易斯·塞特（Josep Lluís Sert，1902—1983）教授的主持下，召开了有历史学家、经济学家、社会评论家和政府官员参与的跨学科会议，会议主题正是"城市设计"。贝聿铭的事务所积极参与了各个城市的"城市设计"，比如华盛顿西南区都市重建（1953—1959年）、纽约贝德福德-斯泰弗森特超级街区（Bedford-

基普斯湾广场双子楼，美国纽约，建成于 1962 年。摄影：孙嘉黛，2025 年

Stuyvesant Superblock，1966—1969 年）发展计划、费城协会山（Society Hill，1957—1964 年）发展计划、新加坡滨南海发展计划（1982—1983 年）等等。

这说明我们可以把大学公园公寓项目语焉不详的背景看作是对贝聿铭终生的建筑思想的一个超前的注解——面对困难，解决困难，但并不将这种解决方案看作一种救火队员式的单纯的技术议题，而是立足于建筑的语境，设法为其赋予新的品质和兴趣“增长点”。在当时，巨人般的建筑大师密斯·凡·德·罗的玻璃摩天楼统治着纽约的高端项目，但贝聿铭的基普斯湾项目没那么高的预算，他将密斯常用的玻璃幕墙与另一位现代主义建筑大师勒·柯布西耶推崇的混凝土结构合二为一，以折中方式设计了混凝土网格的“蜂窝墙”。他让建筑上的巨大窗框退入墙体 14.5 英寸（37 厘米），使得内凹的光影效果产生极强的雕塑感，既显示了建筑内外的视觉效果，也表达了建筑的结构，建筑的防火层、窗框和外立面形成不可拆分的整体。更重要的是，现浇混凝土比钢结构便宜太多，比起预制混凝土单元现场组装的方案也更加实惠。它在为住宅带来一种新的材料美学的同时，也让室内和室外的逻辑合二为一——对于“里面”深不可测的纽约而言，这

基普斯湾广场双子楼，美国纽约，建成于 1962 年。摄影：孙嘉黛，2025 年

无疑是一项创举。让大多数人更加意想不到的是，在纽约的建筑项目中，窗框被视作阳台，它可以获得额外的政府补贴。

要评论这类建筑，也许我的个人视角最为直接。1998年，我赴芝加哥攻读博士学位。我在不长的时间里将海德公园附近的各类房源搜了个遍。就像少年时的贝聿铭一样，我那时对于美国建筑已有初步了解，但真正落实到个人趣味的抉择上，东方人和当地人的态度是不太一样的。海德公园附近的居民们，包括一些在此租房居住的美国学生的喜好让我略感讶异，那种外观老旧、内部狭窄晦暗的小公寓居然比贝聿铭设计的大学公园公寓更为抢手。这种选择的差异或许类似于我们如今住惯了高层居民楼，转而去喜欢“新中式”或农家小院——贵的那部分房价有可能用于提供独处的优越感，以及更丰厚的历史文化的“层次”。然而，从中国来到美国，刚刚搬离老旧的学生宿舍的我，毫无疑问更喜欢贝聿铭设计的宽敞明亮的“烤面包机”。它让我脱离嘈杂和繁复，用不算太高昂的代价去面对一个新的起点。这是现代主义的胜利，但它在一开始并不是美国建筑的选择。外人、东方人、技术能手、城市更新项目主管、为现实谋划的地产设计师……贝聿铭正是以这些身份做成了他的事业。

基普斯湾广场双子楼，美国纽约，建成于 1962 年。摄影：孙嘉黛，2025 年

毕竟，我在这里住了那么长时间，将此类建筑的好处和坏处看得更明白了。新的建筑实验在当时的意义首先在于经济性，但重复的建造单元，以及尽去虚饰的室内空间排布，既表达了密斯直率的技术美学，又实践了柯布提倡的现代居住的“光辉”理想。就后一点而论，现代主义的内部已产生了广泛的分歧。大部分人讨厌西方大城市已普遍存在的交通拥挤、环境污染和非人性化尺度等状况，但贝聿铭的方案的要点不在于凸显郊区的“光辉”，他对建筑与景观结合的认知也不是为了逃离大城市，相反，他认为建筑学、景观建筑学和城市规划这三个学科携手，可以重振古罗马人看重的“市民空间”（civic space）。建筑师不应是反城市的，而应通过建筑师的三维能力、行动能力，为城市核心区做出更有想象力的贡献。

无论是基普斯湾还是大学公园公寓，都号称地面一层是预留给城市生活的。标准框架加混凝土幕墙解放了地面层，也没有牺牲平面意义上的密度，除了向内退缩的玻璃前厅，还有双子楼之间的那种带有大片绿化的“庭院”——在考虑基普斯湾的双子楼之间的开放空间需要以什么来“压阵”时，贝聿铭找到了一个低成本的方案，他没有选择放置昂贵的艺术品，而是种下 50 棵树苗。在这里，苏州园林的记忆是不是又回来了呢？

也许，仅仅是也许，很多事情只是在字面意义上有关系。你会发现，曼哈顿的社区和苏州住宅间的差异之处远多于相似之处。就好像贝聿铭在纽约设计四季酒店，酒店方最终选用中国艺术家展望创作的“不锈钢太湖石”作为陈设，但这种选择并不意味着酒店就此变成了一座苏州园林。艺术和空间的关系只能是本地性的，受限于建筑师和城市的关系。一方面，贝聿铭处理的大多仍是具体的建筑问题；另一方面，当他习惯了西方人抽象的思维方式之后，浅表层面的且指向性过于明确的“文化”在他那里已经不大管用了。

在设计卢浮宫金字塔这样的重大抉择上，我们也可以很清楚地看到贝聿铭的这种姿态。他拒绝给自己贴上华裔建筑师的标签，甚至也不愿意单纯地取悦他的法国赞助人。最终，贝聿铭以没有明显的文化“加持”的方案出人意表地赢得了高卢人的认可。人们可能意想不到，贝聿铭在巴黎不仅对文化项目感兴趣，他还参加过巴黎拉德芳斯的城市竞赛，他的方案只是比保罗·安德鲁参与的“新凯旋门”方案略逊一筹。这种实事求是有其长处，也自有其短处。比如对于我居住了四年的大学公园公寓，你会觉得明快的空间也令人稍感乏味，不像那些木构房、老砖房……可以把沧桑当作品位。现代建筑在老旧后会呈现更明显的“疲态”，它单调的布局使公寓室内难有持久的趣味。毕竟，公寓都是在战后重建背景下兴起的公共项目，它在本质上还是一幢巨大的“内廊式住宅”，也就是中国人说的“筒子楼”。这样的建筑形式不能不说是为了挤压出销售面积而只留出偏窄的过道。而且它过于漫长，在长达 147 米、终日不见阳光、没有变化的走道上，从建筑一头走到另一头，会让人有些心惊肉跳。还有一点，初次在这幢公寓内的卧室醒来，远眺芝加哥市的天际线确实会让你心旷神怡，但巨大玻璃窗的朝向为正南正北，加上建筑的进深较为浅短，住久之后你就会厌烦终日暴晒，或者会产生“现代”而空旷的焦虑。

毫无疑问，大学公园公寓和基普斯湾绝不是贝聿铭一生中的主流代表项目，至多只是他在尚不能在公共建筑领域大显身手之前的一段插曲。我想表达的是，这一类更日常的项目更见其本色。贝聿铭显露了他以非“中国”的手段呈现出的很“中国”的一面，这既是西方当代建筑中的一个异数，又是现代建筑师行业的本分。论起贝聿铭的“华人”身份，

基普斯湾广场双子楼，美国纽约，建成于 1962 年。摄影：孙嘉黛，2025 年

我们熟悉他的这种务实和理性，它们似乎更源自以上所述的深层文化基因，而不是源自那些情节夸张的中国故事——相反，很多与他来自同一故乡的建筑师，在表述本土时却不得不借重这种故事。很显然，就我们的实际生活而言，贝聿铭的姿态才是迂回的不动声色的“近”，后一种做法却是直截了当的、因为刻意而导致的“远”。

80 年前，初出茅庐的贝聿铭放弃了重视“美术”的宾夕法尼亚大学建筑系（梁思成、林徽因在更早的十年前曾在那里就读）而转投麻省理工学院，甚至一度戏称，自己打算学习更贴近家世的金融专业。设想一下，如果个性内敛的他最终没有选择投身建筑，而是和他的父亲、历任中国 / 中央银行总裁的贝祖诒成了同行，我们还会有在另一个领域大获成功的贝聿铭吗？他的创作果实究竟是出于妙手偶得，再臻圆熟，还是出于一种刻意经营的“巧合”？我们真的不知道答案。

本文为作者发表于《三联生活周刊》2017 年 4 月 17 日第 16 期的文章《远与近的贝聿铭》的增写。

来自建筑后辈的致敬

刘克成

我与贝聿铭先生从未谋面，但他是对我影响最大的建筑师之一。

1980年，我进入大学开始学习建筑学，在《世界建筑》创刊号上第一次看到对贝聿铭以及其设计的美国国家美术馆东馆的介绍。建筑雕塑般的体量以及丰富的光影。令人印象深刻，也让我爱上了建筑学。

其时，西风东渐，西方国际主义现代建筑在中国大行其道，贝先生在中国设计的第一个建筑作品香山饭店却反其道而行之，强调本土主义，这在国内引起轩然大波，引发我强烈的好奇。适逢我有机会去北京实习，我第一次走进他的建筑，那是一次令人难忘的对香山饭店的“探险”之旅。彼时，香山饭店仅接待国外游客。我从香山饭店的门卫开始，通过为服务员画肖像画，一路软磨硬缠，每画一张肖像画就过一个“关口”。以这种方式，我从大堂到餐厅，再到后花园，逐一游览了香山饭店如同连环画一般的叙事空间。

香山饭店为我打开了一扇新的窗口。在这个建筑项目中，贝先生对中国园林空间的诗意运用，对传统四合院的创造性转化，以及对民居的创新性发展，让我第一次意识到中国建筑实现现代化不只有“穿衣戴帽”这一条路，建筑师可以用不同的方式为中国传统建筑赋予现代性。本土文化不是现代化的障碍，而是一种资源。

多年以后，我有机会参观台中市东海大学校园，那是贝先生比香山饭店更早的作品（与建筑师陈其宽先生等合作）。东海大学校园堪称世界最美的校园之一。这是一种完全不同于西方大学规划范式的现代校园布局，各院系组成的不同的四合院和三合院坐落在不同标高的林地中，建筑与自然浑然一体，东方园林的美学意境扑面而来。在这里，现代大学所需的秩序与自由得到完美显现。我一直认为，东海大学校园在现代建筑史中的价值被严重低估了。与同一时期欧洲建筑师阿尔瓦·阿尔托（芬兰）和亚洲建筑师丹下健三（日本）等人的作品相比，东海大学校园极大地拓展了现代建筑的视野，创造了新的可能性。校园中呈现的如中国园林一般的连续空间叙事，为现代主义的发展涂抹了一撇东方诗意。

贝先生似乎总有一种令人羡慕的平衡能力，在贝先生手中，东方和西方、传统和现代总能达到完美平衡。同时，他呈现的建筑观念的连续性、建筑语言的一致性、建筑材料的稳定性，使他在国际建筑大师中独树一帜。

在东海大学，我能明显感觉到其校园布局与贝先生哈佛大学的硕士毕业设计作品“上海中华艺术博物馆”（1946 年）的关联性，而香山饭店与东海大学校园也有明显的继承性。贝先生其后设计的日本美秀美术馆和苏州博物馆都延续了这种探索，并且在每一建筑作品中又有不同的新进。

贝先生的建筑观体现出明显的东方特性。西方文化强调个人主义，建筑创作追求表现自我；东方文化强调集体主义，建筑设计讲求与邻里左右的和谐。与西方建筑大师相比，贝先生更尊重地域文化，注重建筑作品与周边建筑的和谐始终是其突出的特点。他设计的美国国家美术馆东馆、香山饭店、苏州博物馆、香港中银大厦、北京中国银行总部大楼、卢浮宫金字塔、伊斯兰艺术博物馆等莫不如此。中国文化“天人合一”的理念在他的作品中都有不同程度的体现。

贝先生祖籍苏州。以前有人比较上海人与苏州人的不同，说上海人要把最好的衣服穿在外面，对内里却并不在意；苏州人却将丝绸穿在里面，舒服自知，外面却很低调。贝先生当然不是对建筑外部不在意，但他对建筑内部空间的讲究，难有人出其右。拍摄贝氏建筑，最精彩的照片总是在其内部空间，无论是美国国家美术馆东馆，还是香山饭店、苏州博物馆都是如此。即便在处于严苛的城市规划管控下的北京长安街，贝先生依然在貌似平淡的中国银行总部大楼内部创造了一个令人惊叹的园林。这是一个建筑学家童寯先生笔下所称的 “无草木”的园林，虽然没有林木和溪水，但园林的意趣尽显无遗。贝先生在这里为北京创造了一个最好的商业空间。后来，这种“园林”在伊斯兰艺术博物馆的设计中又有进一步的发展。

贝先生的建筑作品在职业性方面同样令人惊叹，其作品的完成度高于世界上绝大多数的建筑师。我曾花大量时间研究他事务所的设计详图。起初我以为其高品质来源于三个方面。其一是稳定的建筑设计语言。比如，几乎贯穿于他大多数作品的几何切削体，既是贝氏的标志性语言，也是推进建筑走向成熟的保证。其二是完美的建筑构造节点。他事务所采用自己特定的模数制，基本模数尺寸为 1150 毫米 ×575 毫米，并将其贯穿于全部的设计，统一建筑轴网、层高、门窗、内外装修中的尺寸标准，提高施工精度。其三是稳定的建筑材料应用。有些材料，比如罗马砂岩和贝氏门窗，在他的建筑中会反复使用，使之不断进化，直至完美。

我以为贝氏作品的品质是依靠这样的积累而逐步形成的，但其成因远不止如此。2006 年，苏州博物馆落成，我前去参观学习，遇见贝聿铭先生的一位助手，他告诉我贝先生从不相信经验，只相信眼睛看得见和手能摸到的东西。为了做好苏州博物馆的设计，贝先生在纽约的一片空地一比一地搭建了一个建筑单元，对结构、材料、构造和比例逐一调试，直至让自己感到满意，才请人对其进行测绘，并绘制施工图。这颠覆了我对建筑职业的想象。对一名建筑师而言，要做好一个建筑，岂不是只有两条路可走？要么让自己拥有足够的名望，能够在时间上迫使业主按照建筑师的节奏向前走，并获得足够多的设计费，制作一比一的实验模型。要么自己拥有足够的资金，自己做主来完成自己的项目。这两条路无论哪一条都需要建筑师有极大的勇气、决心和毅力才能走下去！

有人说做一名好建筑师需要有 20 岁的勇气和 70 岁（或比 70 岁更多）的智慧。对大多数建筑师而言，具备在 20 岁时的勇气并不难，难的是如何积累 70 岁的智慧，并在别人颐养天年的年纪开启自己职业最美丽的华章。在我们建筑行当，至少有一半的建筑师过了 35 岁就不再做设计了，过了 40 岁还俯首做设计的建筑师人数还要再减半，过了 50 岁依然既动口也动手的建筑师更是寥寥无几。

反观贝聿铭先生，他真是了不起，70 岁以后依然活跃在世界建筑界的前沿，不断超越自己，设计的作品越来越好，事业高峰一重接一重。

从我 17 岁到现在，贝聿铭先生始终是我崇敬的行业标杆。作为建筑界的后辈，我要向他躬身致敬！

实践建筑师贝聿铭

丁沃沃

说起贝先生，我脑中一下子浮现出他设计的三个作品：美国国家美术馆东馆、香山饭店、卢浮宫扩建项目。美国国家美术馆东馆建成于1978年，那年我进入东南大学（当时是南京工学院）的建筑系；香山饭店建成时，正是我作为略懂一点建筑的毕业生进入研究生阶段继续深造的时候；卢浮宫广场上的金字塔建成时，恰好是我作为一名建筑学的青年教师，从国外回到东南大学任教的时候。在我这一代建筑工作者成长过程中，我们能够不断地看到他的新作品。虽然贝先生并不写理论著述，但他是一个敏锐的实践建筑师。他的实践创造了许多知识财富，滋养着我们的建筑知识体系。

在学生时代，我对美国国家美术馆东馆的第一感受是外观漂亮，建筑内的空间非常奇特：看似混乱，但对它进行建模分析以后，会发现它的空间很有规律。我在大学高年级时学了城市设计的课程，后来又当了建筑系老师，这时才真正明白该作品的精妙之处，看懂他用非常简单手法解决了建筑与城市、建筑与历史环境以及与建筑自身相关联的各类复杂问题。美国国家美术馆（现称西馆）建成于20世纪30年代，这座建筑采用了古典立面，它的前方留下一块梯形空地，后成为东馆的建设用地。随着馆藏的扩展，当美国国家美术馆需要新建一座东馆时，全世界的建筑界已经不再讲古典语言了。贝聿铭的设计不仅要采用与时代一致的建筑语言来做设计，还要让具有现代风格的东馆与具有古典风格的西馆成为一个整体，并进一步强调这两栋建筑物属于国家级美术馆的特殊地位。

古典建筑是通过柱式、比例等传统语言来体现国家级建筑的。有时候，建筑师要体现建筑的国家级，不得不采用不那么现代的设计风格，这种做法并不是为了复古。贝先生在设计美国国家美术馆东馆时，用轴线和等腰三角形的建筑语言简单地解决了问题。轴线是一种古典的建筑语言，能用来处理中心和等级。当你亲身站在美国国家美术馆跟前时，你会觉得东馆和西馆是一体的。贝先生用简洁、强大的形体来与比例相匹配。东馆梯形的建筑用地像一块不规整的边角料，但他用17°这个角度让东馆的轴线与街区相连，让建筑与城市共生，反映出与城市规划密切关联的设计策略。他用简单的方法处理了很难解决的问题。贝先生的美国国家美术馆东馆成为充满知识与技能的建筑设计参考样本。作为一名教师，我在对学生讲授场地设计时，会深度解析这个案例，它包含非常丰富的教学内容。我经常对学生说，你们看看贝先生的美国国家美术馆东馆，他只是处理几条轴线，就把复杂的城市空间关系处理得如此之好。

卢浮宫改造项目也是我在对学生教学时经常讲到的案例。我们在卢浮宫改造前去参观，会发现观众的行动路线非常混乱，观众从一个馆去另一个馆，往往会在广场上乱窜，广场上还有水池、草地等琐碎装饰。卢浮宫的改造目的之一是为观众提供更好的体验。贝先生用金字塔的位置来决定改造后的卢浮宫的三个入口，这一点太棒了。刚看到金字塔的设计方案时，我们相信这个方案的最大优势是能够解决入口的问题，但我们对玻璃金字塔的实际效果无法想象。卢浮宫改造后，我再去参观。当进入玻璃金字塔覆盖下的入口广场时，我突然发现，贝先生的这个作品不仅是在有效地解决流线问题，在此基础上，还为人们贡献了至高无上的美的空间。卢浮宫博物馆由一组建筑组成，地下有通往不同建筑的几条流线，贝聿铭的设计很好地组织了这些流线。观众通过金字塔进入卢浮宫地下，停留、碰面、购票、阅读指示牌，再流向三个展馆各自的入口。金字塔在古埃及是最高等级的象征，而卢浮宫也是帝王的宫殿，将金字塔设计应用于卢浮宫广场，两者相当匹配。我在有倒金字塔形顶棚的地下空间站立了很久，这个空间令我陶醉。我认为他干净利落地解决了问题，没有多余的设计，这就是建筑师的功夫。在卢浮宫改造前，我们会怀疑，卢浮宫真的能再添加一些设计吗？但当改造完成后，疑问打消了。玻璃有消影的作用，玻璃筑就的金字塔既有形又无形，选材与用材实在精妙。在实地，你能感受到改造后的卢浮宫与自然的对话、几座建筑物之间的对话，以及流畅的动线。

香山饭店在 20 世纪 80 年代建于北京。那时候中国开始有实力兴建一些建筑，也开始有实力探讨如何延续中国传统建筑的文化。当时，社会上出现了不少在建筑顶部增加传统屋顶的做法，这种建筑符号很快遭到学界的批判，指责为“穿衣戴帽”的廉价的设计手法。然而，“不廉价”的手法是怎样的呢？香山饭店出现于此时，它在吸收传统文化时，顺畅地进行了语言转化，让整个建筑界耳目一新。贝先生的家族来自苏州，白墙、画窗这些古典园林的特征深深印刻于他的脑海。而中国传统文化有丰富的语言，不论是江南还是黄土高原，都有丰富的文化积淀和富有特色的符号。普通人看古典建筑看到的是符号，而建筑界专业人士看到的是语言。符号可能会过时，语言则会不断发展、转变。

贝先生并不是理论家，而是一个出色的实践建筑师，他以香山饭店的设计来体现中国传统与现代的结合。建筑是一种实践，并不是从书本到书本的知识传授。我们在大学做教学，会为学生总结建筑作品中的语言，教会他们如何用建筑语言来“说话”（设计）。贝先生的作品让我认识到，建筑知识并不一定产生于理论文本。贝先生用自己的建筑案例将他积累的知识呈现出来，使得建筑学者可以对此分析和总结，从而丰富我们的知识体系。

我从贝先生身上看到一种格局，他并不把建筑看成单个的建筑物，而是场地中的建筑物。我不认为一定要称贝先生为“城市建筑师”，他就是建筑设计师。一个合格的建筑设计师会不正视他所面对的场地上的种种问题吗？他会不顾及建筑旁边的问题吗？在贝先生的设计中，你能看到对场地问题、古典语言、人的活动、国家历史的考量。对他来说，这些因素不是沉重的负担，而是设计的源泉。他的格局来自他清楚作为一个实践建筑师的责任。现在有一些实践建筑师认为在设计中反映自己的品位是第一位的。但我不认同，建筑不应只提供一个让人欣赏的形式，它更有功能性的方面，建筑师要对功能负责。

贝先生的视野也非常开阔，他对材料十分了解，因此知道该如何处理问题。比如，他了解各种石材，他的大脑好比材料知识库，任何材料都可为他所用。这种广阔的知识面是设计构思的基础，也是承担责任的保证。他对不同国家的历史、文化、美学风格都有了解，进而让它们转化为设计的资源，因此他能在全世界开创事业。

贝先生是现代建筑师，但他有扎实的基本功，他没有放弃对古典建筑知识的运用。了解古典手法、传统知识，就一定要复古吗？不，他要拿这些来做现代建筑。西方古典建筑设计手法主要服务的对象是王宫、国家建筑、教堂，而贝先生认为这些西方古典建筑的设计手法依然可用来服务面向大众的现代建筑，如对轴线的处理手法。现代建筑设计中充满了建筑单体与群体、单体与城市、空格与人流之间各类复杂的关系，贝先生娴熟地运用设计手法来设计国家级的现代建筑，为城市和公众做出了贡献。在贝先生的建筑中，我们找不到多余的设计手法，他不会无端地给使用者增添麻烦。一个好的实践建筑师在遇到民族性的问题时，不会在廉价的形象符号中寻找答案，不会守旧地利用知识库。对于学建筑的人来说，贝先生不是老师，而胜似老师。

几何的变奏

柳亦春

几何是人类最早建立的知识形式之一，它源于人类对自然秩序的直观感知，继而演变为一种理性的工具。自然现象中蕴含着几何的原型，人类观察、记忆这些形态，并将它们转化为结绳记事、图腾、编织、测绘等实践活动，从而逐步形成关于形状、比例、空间的原始图解。这种原始图解在不同文明中发展成具有文化特征的几何图示，如古埃及的金字塔、印度的曼荼罗、中国的八卦图、伊斯兰的重复图形、古希腊的比例数学等。每一种几何形态的演化既关乎感知与秩序，也具象地体现了不同文化对世界的认知方式。几何在建筑中的运用既可能构成神圣感、纪念性，也可能成为秩序、逻辑、政治结构的空间呈现，而建筑也总是表现为一种几何形态。在人类将自身投射到建筑的隐喻的过程中，几何也开始以不同的形式进入建筑的表象或深层的比例关系中。

鲁道夫·维特科尔（Rudolf Wittkower）在《人文主义时代的建筑原理》（*Architectural Principles in the Age of Humanism*）一书中，通过分析帕拉第奥等文艺复兴时期的建筑师的作品，来阐述几何比例如何承载着理性、神圣、风格的三重逻辑。罗宾・埃文斯（Robin Evans）则在《投影之范：建筑与它的三种几何》（*The Projective Cast: Architecture and Its Three Geometries*）中区分了欧几里得几何、投影几何、拓扑几何这三种建筑几何观，指出几何不仅能塑造空间结构，还会影响感知逻辑，几何是风格建构的媒介结构。阿尔伯特・佩雷兹－戈麦兹（Alberto Pérez-Gómez）和路易丝・佩勒捷（Louise Pelletier）在《建筑再现与透视转轴》（*Architectural Representation and the Perspective Hinge*）一书中，通过对柯布西耶的诗画集《直角之诗》（*Le Poème de l'angle droit*）中轴测图编排的分析，认为柯布西耶实际是在构建诗意与几何之间、感知与秩序之间的对话，通过揭示正交几何中的精神性，强调直角所象征的秩序和人类存在之间的关系。柯布西耶一度追求将模度系统引入建筑的正当性，戈麦兹认为这可以被理解成一种将宇宙秩序转译为建筑语言的诗性尝试。柯布西耶试图在现代建筑与古典建筑告别时，用他的模度系统让现代建筑依旧具备一种可理解的知觉连续性，这也是一种通过几何运用而产生的建筑修辞。

贝聿铭的建筑作品也充满着明确的几何语言，他的事务所将模数控制作为一以贯之的设计方法之一。这种做法是否受到过柯布西耶的影响或启发，我们不得而知。但可以肯定的是，贝聿铭的几何并非总是来自先验的图示，而是首先来自具体的场地关系，这在他为华盛顿的美国国家美术馆东馆做的设计中表现得尤为显著。东馆的平面来自对地块形状、周边道路及其邻近建筑的关系的理解而产生的几何分形。面对一块不规则的梯形用地，贝聿铭通过三角形分形，找出了对称性，同时又化解掉过分的对称。东馆设计中的几何首先是平面性的，同时也是结构性的。这里所说的结构指某种构图的结构，它暗含了与美国国家美术馆西馆的轴线对位。用地北侧与宾夕法尼亚大道相邻，大道向东南方向指向国会山，这就与美术馆西馆的东西轴线形成夹角，在这块用地中对建筑的形态形成无形的压力。贝聿铭通过将东馆建筑中央的三角形天窗向南偏移，缓解了这一压力。也就是说，东馆面向西馆的立面是轴线对位的，但是东馆建筑平面中心的三角天窗的中庭轴线并不与建筑立面的主轴线对应，这是东馆的重要“结构性”特征。也正是因为对称中的不对称，让贝聿铭的建筑在古典建筑设计的基底下，呈现出别样的巧思与生动。

我们在其立面处理上处处能看到这种对称中的不对称。当然，贝聿铭的建筑作品以其对表面的极度平整与精确，以及对体量的几何性追求，呈现出与古典建筑截然不同的抽象性，从而体现了独特的艺术现代性。所以在这个层面上，虽然东馆的建筑体量似乎可看作是平面几何在垂直方向的直接立体化，从而彰显了独特的几何造型，但我们仍认为东馆的几何不是造型上的，而是结构上的。

纵观贝聿铭所有的建筑作品，从几何语言的角度来看，有一个明显可见的变化：他的几何从早期的平面构图中的结构性，逐渐转向具体建造上的结构性，这一点尤其体现在他20世纪80年代起逐渐增多地建造于中国和日本的东方建筑中。贝聿铭1991年设计了日本滋贺县的美秀美术馆，他将东方的带有歇山意向的坡屋顶造型与他标志性的基于三角形构成的分形几何巧妙结合，从而实现了一种与东方的建构传统关系更为密切的杆系结构。这明显区别于他在之前的建筑设计中更多采用的与“切石法”（stereotomic）关联度更高的实体结构。

美秀美术馆坡屋顶采用的特殊杆系结构系统显然可上溯到美国国家美术馆东馆的天窗结构。在1969年绘制的东馆中庭的渲染图上，我们可以看到使用混凝土网格骨架构建的天花，而在1971年3月绘制的东馆中庭渲染图上，我们能看到原先的天花已经改为使用空间网架结构的通透玻璃天窗。这是贝聿铭在东馆已开工建造九个月后忽然产生的想法。正是这个空间网架结构的天窗让贝聿铭的三角形天花与路易·康（Louis Kahn）设计的耶鲁美术馆新馆的天花形式拉开了距离，同时也催生了贝聿铭后来在东方的建筑项目中开枝散叶的同是基于三角形几何语言的杆系结构。东馆的天窗结构及其遮阳系统在贝聿铭后来的诸多项目中被反复使用，如北京的香山饭店等。但在美秀美术馆，这一杆系结构系统是明确地有意与地方性文化建立关联的进化设计，在2000年它也被用于苏州博物馆的设计。

1982年开始设计的香港中银大厦和1983年启动的巴黎卢浮宫改造项目中的玻璃金字塔，是在美国国家美术馆东馆之后基于三角形几何发展出的空间网架结构的变体。卢浮宫玻璃金字塔的锥面采用了三角形分形几何的平面分格方式，结合由受力弯矩图推导出的索网系统，而形成一种轻盈且高效的空间网架结构。这一结构通过引入拉索来缩小支撑杆件的尺寸，从而达到极高的通透感和简洁度。中银大厦的设计则在四边形的基础上，引入三角形来进行平面和体量的分形操作，使几何构型与结构受力高度整合。这栋超过 300 米高的超高层建筑未采用传统的核心筒来抵抗水平荷载，而是通过杆件构成的斜撑体系来实现结构稳定，这一做法堪称结构设计上的一次创举，同时也为标准层平面提供了自由布置的可能。尽管贝聿铭将中银大厦的外观比喻为节节生长的竹子，但实际上，也许是一种结构和几何形态之间的巧思为该建筑赋予了内在的东方魅力。

1999 年，贝聿铭在英国威尔特郡设计了一座小型建筑——奥尔亭（Oare Pavilion），它建成于 2003 年。亭子的首层平面呈十字形，抬升的平面与屋顶则变形为暗含十字形和三角形构图的八边形。一套结合四边形和三角形单元的钢桁架结构支撑起屋顶，构成一种近乎“暧昧”的双重屋檐形式。奥尔亭的结构由负责过香港中银大厦结构的结构工程师莱斯利·罗伯森（Leslie Robertson）设计。后来，这一结构形式的亭子也出现在贝聿铭同期设计的苏州博物馆和多哈的伊斯兰艺术博物馆中，显示出贝聿铭对这一结构构型的持续兴趣。奥尔亭的建筑语言融合了古典几何秩序和现代结构体系，同时具有高度抽象的空间表达，形成了一种超越尺度、功能和地域限制的几何模型。或许正因为它的跨文化潜力，贝聿铭才在后期将这一形式反复运用于他在不同国家的建筑作品中。

无论是贝聿铭早期基于平面构图的几何结构，还是后期源于空间桁架系统、强调三角形稳定传力逻辑所生成的空间几何结构，都体现出几何理性和修辞张力的双重品质。这种以几何为基础的结构语言，在空间中营造出清晰的节奏感、均衡感，为建筑赋予了可感知的秩序。它不仅体现出专业立场蕴含的理性，还为具有不同文化背景的大众提供了感性层面的可理解性。这是一种可被身体感知、被结构整合、被文化内化的几何形式。正是在这一意义上，贝聿铭实现了一种“几何即结构，结构即空间”的设计范式，使几何语言转化为一种能跨越时代和文化的建筑表达。

夜空中一颗闪亮的星

黄文菁

讲述与讨论贝聿铭先生及其作品是在做一件过于宏大的事。因为伟大的人会以他们的生活及作为触及并影响许多人的生命与事业。对我而言，贝先生既是一位我在走廊或电梯间时常遇到，脸上总带着迷人微笑的中国老人，又是夜空中极其耀眼明亮的一颗星。他开启的事业将是若干代中国建筑师需要不断往前推进的。

我尝试总结了五个关键词来简单讲述我对贝先生的理解：直觉、反叛、内核、谦逊、中国。“中国”这个关键词也可以替换成“偏见”。显然我对他的理解基于我自己有限的经历，它必定是片面的，仅供参考。

直觉

贝先生自己常说“建筑师是在解决问题”，他的建筑反映出精密的几何、严密的逻辑与理性，这一点非常显见。他的事务所和建筑团队对几何有强烈的追求，甚至达到痴迷的程度，让我一度觉得自己需要重新学一遍立体几何。但多年后，我回头去看，我觉得贝先生极其敏锐的直觉才是他的秘密武器，这一点极其个人化，也极其需要天赋，但几乎没有人提及。在我看来，贝先生完美地结合了理性与直觉。

例如，他为卢浮宫改造项目设计入口时，建造玻璃金字塔的那个位置正是他所说的整个建筑群的“重心”所在。这个重心并不是通过物理计算或几何测量得出的，而是源于他的直觉——他觉得那个重心点就在那里。他对场地的判断常常出自直觉的感受，会在场地上反复体会他的感受，不完全依据逻辑分析推理的结果。

再比如，贝先生经常提到“自然”，想要让人工的建造与自然发生融洽的关系。这当然来源于他幼年时的成长环境，希望融入自然已成为他的工作本能，无须刻意地、理性地加以思考，本能会指引他这样做。

我曾在贝先生的事务所（贝考弗及合伙人事务所）工作过七年，不过那时他已是半退休的状态。我常常觉得，事务所的同事们在延续一些特定的工作方法，但好像缺少了某种具有灵性的设计感觉，更多地体现出理性和技术性。

回首来看，贝先生的精神灵性和直觉是独一无二的，无法模仿的。

反叛

贝先生身上始终蕴含着强大的反叛性，但这一特质也并非显性的。他来自东方的谦谦君子形象和招牌式的迷人微笑完全掩盖了这种隐藏的反叛精神。但如果阅读他的传记、访谈、文字资料，会发现这种内在特质在他人生的一些蛛丝马迹中显露无遗。

贝先生的反叛精神从年轻时就已存在。他自己坐邮轮前往美国留学时还不足 18 岁，这个年纪的少年离开故土，去往遥远的国度，往往会有对家乡的离愁别绪和对陌生文化的担忧迷茫，但他全然没有这种情绪。在赴美之前，他已看过大量美国电影，对自由世界充满向往，迫不及待地离开旧生活的束缚。他在宾夕法尼亚大学短暂就读后，意识到那里的布扎（Beaux-Arts）建筑教育不是自己希求的，于是很快转去麻省理工学院就读，在麻省理工学院深受当时的建筑学院院长的喜欢。贝先生的太太卢淑华在哈佛大学读景观建筑，他也经常去哈佛大学，在那里接触到瓦尔特·格罗皮乌斯（Walter Gropius）领导的包豪斯建筑教育，觉得这是他更想要的方向，因此他在本科毕业后决定去哈佛大学设计研究生院继续深造。得知他的决定，麻省理工学院建筑学院的院长生气得脸都红了，认为这是离经叛道。贝先生年轻时代的求学经历就已经在不断突破既有环境的局限。

贝先生曾谈到 20 世纪 60 年代自己在为美国国家大气研究中心做设计时，曾和太太驱车前往位于山中的建造用地，在建造用地附近看到了 SOM 建筑事务所设计的一栋建筑。这栋建筑使用了钢结构、幕墙和架空结构。这种设计策略在当时非常可取，符合当时流行的包豪斯设计原则。但贝先生觉得这样的设计无法与山地的巨大尺度抗衡，他产生了另一种冲动，渴望突破包豪斯教育的框架，做不一样的设计。他最终设计建成的美国国家大气研究中心如同是一栋从山里生长出来的建筑，非常有力量。他对不断突破的追求成就了自己一个又一个不同凡响的建筑作品。

贝先生坦承自己是具有西方教育背景的建筑师，他接受了包豪斯建筑设计的系统教育，他的建筑实践从美国起步，遍布全世界。

2023年，我和李虎在哈佛大学设计研究生院担任丹下健三教席时，曾在菲利普·约翰逊（Philip Johnson）设计建造的“玻璃自宅”住过一个学期。我们在屋中找到一本介绍这栋建筑历史的书，在书中意外发现贝先生竟然曾和菲利普·约翰逊是哈佛设计研究生院的同学。约翰逊在读研究生以前，已担任过纽约现代艺术博物馆的首席建筑策展人。他会邀请一些同学来这个玻璃宅做客，贝先生也常是座上宾——我忍不住去想象年轻的贝先生穿过围墙上开设的不起眼的院门走进来，想象他所处的时代。

当年，格罗皮乌斯逃离纳粹德国，将包豪斯建筑教育带到美国，使这一学派真正发扬光大。在哈佛大学设计研究生院任教的格罗皮乌斯和马塞尔·布劳耶（Marcel Lajos Breuer）都曾是贝聿铭的老师和好朋友，他们让他接受了正统的包豪斯建筑训练。贝聿铭是格罗皮乌斯的得意门生，他才华非凡，却不走寻常路。包豪斯建筑设计强调艺术与技术结合、设计与生产结合，但从来没有提出设计要和历史结合、和文化结合，因为包豪斯追求革新，务求突破历史。贝先生在做毕业设计时却提出：“我来自东方，具有不同的文化背景，我要设计一个体现东方文化特质的建筑。” 格罗皮乌斯是一位了不起的教育家，面对这位具有叛逆精神的学生，他说：“你了解我的原则，但你可以去尝试，用结果来向我证明。”

贝先生的毕业设计是“上海中华艺术博物馆”，这个设计方案与他在职业生涯晚期设计的苏州博物馆有很多草蛇灰线的联系。中国人的精神内核一直存在于贝聿铭身上和他的作品里，随着时间的推移越发显山露水。

谦逊

贝先生身上有一种谦逊的态度。在我认识和知道的人里，他是最能在不同文化之间游刃有余地游走的人，他在全球许多国家和地区实现的重要作品都反映出这一点。这种谦逊精神在于，他不认为一种解决办法能适用于所有的地方。无论在哪里做项目，他都会以谦逊的态度去深入了解项目所在地的文化背景、城市结构和人的需求，尊重和吸纳不同的文化，让最终的建筑作品成功地成为当地文化的一部分。贝先生还有一种以柔克刚的精神，让我印象深刻。我认为，他是以这样一种东方人的特质来应对全球性的、人类共通的问题。

我在贝考弗及合伙人事务所任职时，是跟随贝先生的合作人亨利·考伯工作的。贝先生在哈佛大学研究生院任助理教授时，亨利是他的学生。亨利说自己是通过贝先生学到了格罗皮乌斯的设计理念。我刚工作时，参与了普林斯顿大学工程学院咖啡厅的设计，这是一个非常小的特别项目。设计团队由亨利、项目建筑师和我这个年轻建筑师组成。我们向工程学院院长汇报方案，这位院长刚从加拿大来到美国，在普林斯顿大学获得聘任，而亨利已是白发苍苍的著名建筑师，但院长无情地否决了方案。在返回纽约的火车上，我忍不住问亨利为什么不反驳那位院长，为设计辩解一下。亨利说，贝先生曾对他说，如果你是一棵坚硬的树，在面对狂风时可能会折断；如果你是一棵劲草，在狂风中会弯曲，但风过后又会挺立。亨利应该是对那位院长有自己的判断。通过这件事，我从侧面了解到贝先生在面对困难情况时的态度。卢浮宫改造项目在刚启动的一两年里，收到了许多反对的声音，贝先生用以柔克刚的东方智慧来解决问题。这种智慧让他一直能在全世界运作自己的事业。

偏见

“偏见”这个关键词与中国相关。对中国人来说，贝聿铭是家喻户晓的中国建筑师。在法国，因为卢浮宫的项目，公众对贝先生也多有认知。但美国的建筑学界却对他一直避而不谈，认为他与建筑学界“不相关”（irrelevant），尽管他设计了约翰·肯尼迪总统图书馆、美国国家美术馆东馆等一系列成功的重量级作品。这两种境遇十分割裂，在很长时间里困扰过我。我觉得背后可能有多种原因。

我觉得原因之一是贝先生关于文化建筑的理念超前于他的时代。无论是卢浮宫，还是美国国家美术馆东馆，他努力将最高的艺术和文化尽可能地打开，呈现给尽量多的公众。这种做法在当今的语境下被广为接受，但当年的建筑界并不看重大众对文化的参与。掌握话语权的建筑理论家们更推崇晦涩难懂的理论，从哲学里借用概念来解释建筑设计，把解读建筑变成一种只有少数人才能参与的知识分子式的话题。但贝先生认为建筑应当服务公众，为人们提供舒适、美好的环境，成为对人有所启迪的地方。

原因之二大概是贝先生早年曾为房地产开发商工作，这是一条与建筑学术界疏远的道路。

原因之三多少是贝先生来自中国。在那个时代，中国处于封闭状态，与美国没有交流，在相当长的时间里，贝先生对中国也只能避而不谈。从设计香山饭店开始，到晚年时设计苏州博物馆，贝先生一直表现出一种心愿：要让中国建筑复兴。建筑评论家查尔斯·詹克斯（Charles Jencks）在一篇访谈中说："苏州博物馆展现了一种谦逊，贝的谦逊非常重要。他深知中国建筑会在未来复兴，但这不可能仅靠一栋建筑来实现，而需要许多建筑作品和循序渐进的努力。"查尔斯·詹克斯认为贝聿铭用苏州博物馆为中国建筑师开启了一种努力的方向。

我个人认为，贝先生的成功很大程度上源于他深厚的文化根基、中国智慧，以及将它们与西方的技术、逻辑完美结合。在国际上，我们对中国文化应该有更好的传达方式。中国建筑师拥有丰富的本国文化宝藏，需要用各国家的人都能理解的语言，来将我们的文化传递出去。建筑是不同文化之间交流对话的重要载体。这是贝先生对他身后的中国建筑师提出的挑战。

我认识的“几位”贝聿铭先生

张永和

我的父亲、建筑师张开济与贝聿铭是好友，加之贝先生在香山饭店和中国银行总部大楼两个建筑项目进行期间经常来到北京，我们两家人曾在京多次聚会，我和这位前辈便因此熟络起来，我对他慢慢也略有了解。

上海人贝先生

贝先生和家父一起时讲的是上海话。贝先生是苏州人，自然会讲上海话；家父虽是杭州人，但在上海念的中学，他也讲一口上海话。有趣的是，每次与家父见面，那个平日很洋派的贝先生开口道一声“开济呀”，瞬间就变成“老上海”。他们俩交谈时的样子透出一种老乡之间才会有的融洽，而不仅仅是出于建筑学上的共识。

那时，贝先生来京通常下榻在建国门外的瑞吉酒店。我们两家聚餐前会约在瑞吉酒店的大堂碰面。有几次我早到了，看见贝先生已经坐在那里，我便借机向他提些建筑方面的问题。

有一次我问贝先生："你对西单的中国银行总部大楼的设计有想法了吗？"

贝先生回答："有。我要做两个 50 米长的'大跨'，正在琢磨结构上如何处理为好。"

我当时完全懵了，感觉很神秘。他谈到的不是一个概念或意向，不是一个体量或空间组织，不是我所知的惯常的设计起点，而是一个具体的工程问题。后来我看到中国银行总部大楼的设计方案，才得以破解这个谜：贝先生从设计的难点之一入手，他要建立这个位于街道转角的建筑物与城市街道之间的积极关系，于是他想要把建筑物首层临街的两侧尽量打开，与人行便道联通，因此他必须确定将建筑临街界面打开在技术上的可能性。我意识到这种思考方式也许就反映了老手与新手的区别。有经验的建筑师不一定从整体出发，而可能会从某一个局部开始设计。最终，50米长的跨度通过一层楼高的钢桁架得以实现，但建筑物在使用上并没有向街道敞开。建筑师的理想再一次因管理层面的保守性而流产。无论如何，与贝先生的那次谈话对我来说是一堂有意义的建筑课。

又有一次，我问贝先生：“今天去了哪里？”

他回答：“规划局请我去给北京城市建设提提意见。”

我问：“你提了吗？”

他答：“提了。多种些行道树，挡挡那些高楼。”

这次我并不感到意外，因为贝先生一直认为北京的魅力在于它是一座水平地形的城市。保护城市的文化价值，是他给我上的又一课。

父亲贝先生

贝先生在做北京中国银行总部大楼的建设工程时，曾经希望我能去工地现场做监工建筑师，为此约我去纽约面谈。记得那天，我先去了贝先生自己的事务所，他向我介绍了项目进展的情况之后，便带我上街，叫了出租车去贝氏兄弟的事务所——那是贝先生的儿子“弟弟”贝建中和“三弟”贝礼中从业的贝氏合伙制建筑师事务所。

到了目的地，下车推门进入事务所，贝先生说的第一句话是：“我能帮你们做什么？”他们父子之间说的是英文。这可能是我唯一一次见到贝先生表露亲情。

我和鲁力佳那时已经开始了自己独立的建筑设计实践，舍不得暂停下来。后来为中国银行总部大楼做现场监工的是莫平建筑师。

老人贝先生

我最后一次在纽约看望贝先生时，他已是 96 岁高龄。我和鲁力佳共同拜访，在他的寓所门外按了门铃，又等了许久，贝先生出来给我们开了门。他这次并没有穿得西装笔挺，并道歉说他找不到眼镜了。进门后，我听到贝夫人在楼上高声提醒贝先生关门。贝先生去检查了大门，回来说关好了。贝夫人在楼上又说“你没关”……反复几次，贝先生才弄清贝夫人指的是家中小电梯的门未关，导致贝夫人无法乘电梯下来。

我们在餐厅坐下。望着窗外的东河，贝先生夫妇感慨窗前的树长得太大了，将河景挡住了。

贝先生问起我的近况：“你在‘甲校’任教还好？”

我回答：“在‘乙校’。”

甲乙两校在同一个城市里。过了一会儿，贝先生又问：“你现在在‘甲校’？”我又回答：“在‘乙校’。”晚年时的父亲和我有过极其类似的对话，只是谈到的学校从“甲校”换成“丙校”。尽管这不是我第一次直面衰老的严酷性，但见惯了穿着考究、风度优雅、思维机敏的贝先生，我在那一刻仍被震撼了。不经意间，长辈又给晚辈上了人生的一课。

疏远学界的贝先生

我从 1985 年开始在美国教书，我发现美国学界似乎只认可一种定义模糊的学术建筑师，贝先生的名字不在其列，导致学生们不了解他的作品。究其原因，可能是学界偏爱工作室式的实践，排斥大公司式的运作。我一直好奇贝先生本人对此的态度。他在哈佛大学研究生毕业后曾短期留校任教，后来再没有教过书。其实他也极少去学校讲演，更没有出版理论著作（建筑作品图录除外），他在生前没有办过个人展览。相较于当代建筑师，贝先生与学术圈保持着明显的距离。与此同时，大学院校又纷纷聘请贝先生做建筑设计。麻省理工学院校园里就有几栋贝先生设计的混凝土建筑，大楼旁边矗立的艺术家亚历山大·考尔德的雕塑很可能也是由深爱现代艺术的贝先生所选。至于贝先生对学界的看法，大家不得而知。

我有一次去康奈尔大学讲演，借此机会参观了贝先生为该校设计的赫伯特·约翰逊艺术博物馆。从它的空间组织到材料处理，都让我得到不少启发。后来与贝先生碰面，我兴奋地告诉他我去看过了赫伯特·约翰逊艺术博物馆，感到非常有收获。没想到他对那栋建筑的态度竟然是不以为然，撂下一句话："那个房子不行。"他的反应让我不知所措，也导致我错过机会，向他继续提问。我相信，如果我追问一句为什么，他一定会给我坦率的回答。另一个对我有深远影响的贝先生作品是美国印第安纳州哥伦布市的市立图书馆，我也曾后悔过从未向他提及过我对该建筑的感受。这座图书馆前方的亨利·摩尔创作的雕像肯定是贝先生建议放置的（我之所以对现代艺术感兴趣，也不乏是受贝先生的影响）。

但是，贝先生似乎并不反对建筑师去教书。他曾介绍家父与亨利·考伯认识，考伯是贝先生的合伙人，也兼任大学建筑系系主任。家父与考伯的会面引发了我们父子一次少有的严肃谈话。

当时我还在南京工学院念书，听说考伯边实践边教书的情况，我的第一反应是我将来也要当系主任。

家父脸上露出了痛苦的表情。

我意识到我可能失言了，便歉意地说："我是不是野心太大了？"

他的回答完全出乎我意料："不是太大了，是太小了。你应当要做一个好建筑师。"

今天，我认为家父恰恰替贝先生回答了我想问又未问的问题。

天窗与化境

他们先后离去，留下这个杂乱的世界怎么办？

徐冰

凌晨我收到友人微信："昨天咱们还叙聊到贝聿铭先生，今早醒来看新闻，贝老仙逝，享年102岁，不由唏嘘。"世上似乎真的有某种感应——我们在想到某个人时，他却刚离开我们。德里达，艾科，两个月前的奥奎，紧接着是瓦尔达——这些我曾亲身受教的前辈是如此，今天则是贝老。我感到经历了20世纪的风云，又步入21世纪的一代人里的最优秀者正在撒手人寰，留下这个杂乱的世界怎么办？

我与贝老算是忘年交。有一次他对我说："我们认识得太晚了。"他这么说是因为我参与了他设计的苏州博物馆和美国华盛顿中国驻美国大使馆新楼的艺术项目。这两个项目属于贝老的收山之作。

苏州博物馆过去以展示中国古典藏品为主，但贝老对自己的每一个建筑项目会考虑得很多、很细，不单是对建筑物本身，他对建筑项目的传统背景、当下的文化环境、下一阶段的走向、未来要展示的艺术品都有周全的考虑。因此他向苏州的领导建议在新建成的苏州博物馆增设现代艺术展厅。为了苏州博物馆的开馆展，他邀请我、赵无极、蔡国强分别在三个展厅做展览。我根据苏州博物馆所藏的清代画家龚贤的《山水图》创作了《背后的故事3》。贝老对完成后的作品非常满意，前前后后看了许久。

可能因为我参与的苏州博物馆开馆展的艺术项目完成得不错，开馆展结束之后不久，贝老请我去他在纽约的事务所见面，在那里他向我介绍了正在进行中的华盛顿中国驻美国大使馆新楼的建设情况。对这个项目，他不仅要考虑建筑本身，还要在意建筑在使用后体现的文化品位。他担心新楼落成后会充斥着雕龙工艺、传统彩灯之类惯常的中国风装饰，于是精心选择了在国际上工作的华裔当代艺术家参与新楼内艺术项目的创作。他对我说："这个建筑的空间基本上体现出来了，但我感觉空间感有些太'硬'。你能不能做一个作品来对这个空间做些调节？"贝老有许多艺术家朋友，也常去画廊看展，也了解我过去的一些装置作品与空间环境有种融合性。他一边用笔画了起来，一边说："比如在旋梯上方的位置和上面的天窗。"这栋建筑使用了他在晚期作品中喜

徐冰，《紫气东来》（*Purple Breeze Comes From the East*），2008—2009 年，混合媒介装置。作品安装于中国驻美国大使馆新楼，华盛顿。该楼由贝聿铭设计，2008 年建成。
摄影：Paul Warchol © 徐冰工作室（Xu Bing Studio）

欢使用的向上提升式的方形天窗。这种方形天窗或可称为“天囱”，目前还没有一个现成的名词能描述他的这种创造。他把意图简洁明了地交代完后，便说：“好了，我不应该说得太多，剩下的就靠你的大脑，是你的工作了。”贝老真的像传说中的那样，善于与人沟通，能把身边人的能量调动起来。这时候你会感到你是项目的一部分，你是重要的。

说完正事，我们开始聊些别的话题。其实，我在接下贝老邀约，为中国驻美国大使馆新楼的艺术项目创作新作品的时候，同时在为美国驻中国大使馆的艺术项目安装我的另一件作品《猴子捞月》。这件作品如今还展示在美国驻中国大使馆签证处的大厅里。当时，我对贝老说：“中国人在北京给美国大使馆的建筑用地是这么好、这么繁华的地段，又是这么平整的一大块地，美国人给中国大使馆的建筑用地却是这么别扭的半边山坡，也不开阔。”贝老眯起眼睛笑了，像是向你透露一个秘密似的说：“没关系，我的建筑调整了这块地的风水。”就是这样，在与他接触时你会发现，他总能随时展现多彩的思想，给人充满智慧的惊喜。

后来，我利用与天气有关的中国古代象形文字，为中国驻美国大使馆新楼内的主要空间制作了一股云气，让人感觉

徐冰，《紫气东来》，2008—2009 年，混合媒介装置。作品安装于中国驻美国大使馆新楼，华盛顿。
摄影：Paul Warchol © 徐冰工作室（Xu Bing Studio）

云气要从那个“天囱”飞出或者从天外飞入。作品题为《紫气东来》，这则典故讲函谷关令尹喜见东方有紫气浮关，知道有圣人将至，果然不久后一老者骑着青牛而来，此人便是老子。老子留宿，其间写下了《道德经》。这是多好的寓意，但由于一些莫名其妙的原因，这件艺术品差点不能在这个空间出现。为此，贝老专门给国务院相关部门写信，让这件作品得以在这个空间里完整呈现，可见贝老为了项目、为了艺术能达到圆满煞费苦心。

我与贝老接触增多是在他关闭了自己的建筑事务所之后，原因之一是我那时试图促成他百岁时的大型个人回顾展的举办。与当今的国际明星建筑师不同，贝老一生从未举办过完整的回顾展。但遗憾的是，这个愿望迄今尚未实现，一方面由于我们的能力有限，另一方面由于贝老一生忙于在世界各地创作，作品众多，相关资料相当丰富却又疏于整理。当然还有一个困难之处，那就是他过去的建筑模型几乎都没有被保存下来。似乎他这辈子除了兴奋地工作，追求建筑学的精髓，破除世俗成见，别的事对他来说似乎都不重要。

有一次，我向贝老的家人 Patty Pai 女士问起贝老的身体状况。她说：“这一段时间，他的脑子不像过去那么清楚了。”

她又说：“希望你能多去看他，因为如果有他喜欢的人来探望，他的思维、精神状态就会明显好起来。”这之后，我只要在纽约，就会安排时间去看他。

我有一次去他家看望他，他不经意说了一句话，这句话就像印在我脑子里一样，挥之不去。他说：“我现在懒得动脑子了。”这位在近一个世纪里不断求学、思索、创造的建筑大师，用智慧的大脑，把新建筑的理念与不同文明做了实质上的融汇，并进行了精彩呈现，推进了人类文明的发展。他在年逾百岁时还会按时到事务所上班，从未停止过思索与工作。我能感受到暮年的他说出的这句话中的深意。他在 92 岁时曾在一次采访中这样说：“我选了这样一条路，而且乐在其中。我喜欢去了解一个全新的地方，也很喜欢研读各地的历史。我学会去欣赏各地的文化传统与历史，对我而言，这就是建筑学。我对未来没有太多期待，理由是不言而喻的。别忘了，我已经 92 岁了。我觉得我也不应该再感到难过，因为我没办法再做得更好。人总得知道什么时候该干什么事，什么时候又该放下些什么。而我开始感觉我不该再做下去了，这才是让人伤感的地方。不过好在我觉得自己已经尽力了，已经做了很多了。好了，我心满意足了。”

贝老，您真的可以把大脑放松下来，平静地休息了。但后人在您留下的遗产面前，却永不能停息思考。

编者注：本文写于 2019 年 5 月 19 日。

贝聿铭（右）与徐冰（左）在为中国驻美大使馆项目工作中。
摄影：林兵 © 徐冰工作室（Xu Bing Studio）

“心灵宫殿”的构建

关于“贝聿铭：人生如建筑”的展览设计

柯卫

上海当代艺术博物馆的 7 楼展厅是我最喜爱的展览场地之一——2018 年的“沈伟：未知的探索”、2019 年的“让·努维尔：在我脑中，在我眼中……归属……”、2023 年的“矶崎新：形构间”均在此举办。2025 年年初，当我第一次看到这个空间未经布置的状态时，我感到它仿佛被一种充满潜力的虚空占据着。空间外的平台遗留着发电厂的旧机器，在这里能俯瞰上海的城市天际线、黄浦江上空的云层以及 2010 年上海世博会的旧址。

7 楼展厅的空间尺寸为 50 米 ×25 米 ×10 米，形状近似于一个黄金比例的长方体，并且它略微经过了拉伸。这种比例为这个空间赋予了一种全景式当代电影般的特殊韵味。而空间的横截面比例为 2.5:1，与电影宽银幕 2.35:1 的比例十分接近（让 – 吕克 · 戈达尔拍摄的《轻蔑》等影片就采用过这一比例）。在我看来，这个空间非常适合观众用身体和眼睛一同进行水平方向上的漫游。

27°的对角线

利用对角线来塑造空间有几大优势：第一，对角线是矩形内部最长的线条，它能延伸视线和展墙的长度；第二，对角线能打破 90° 直角构成的长方体空间关系，能在不同局部之间、局部与整体之间建立动态透视；第三，重复对角线并让其发生转折，能形成一个与建筑原有的空间语言截然不同的矩阵，从而创造出一个独立且自洽的空间体系。

上海当代艺术博物馆 7 楼展厅的平面比例接近 1:2，若将这个矩形沿对角线切开，会形成一个 27° 的锐角——这个锐角具有极强的指向性，如同指路的箭头。但在接近这一锐角尖端的部分，其空间宽度会急剧缩小，在室内空间中很难被利用。所以，为了让空间分割具有实用性，我们使用这个锐角的补角度数 63° 来制造缓角，以实现大部分展陈空间的布局。因此，我们在展厅中的各板块都使用 63° 缓角来呈现大部分展览内容，27° 锐角则用于引导观众在各板块之间活动的动线方向。

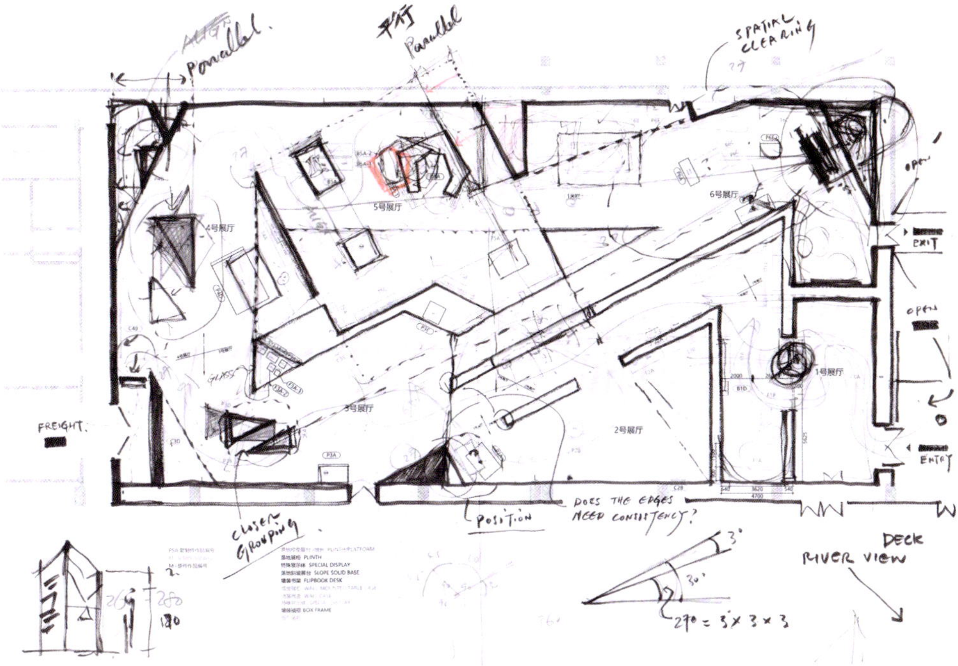

柯卫，为上海当代艺术博物馆 7 楼展厅绘制的展览空间平面图。图片提供：柯卫工作室

以 3 为乘数的空间模数

为了让空间组织更精确，我们采用了多组模数。第一组模数源自角度：锐角度数 27 是 3 的倍数，27 可因式分解为 3×3×3，其补角度数 63 可因式分解为 3×3×7。这种数字的因式分解很有意义，我认为 3° 是产生空间体积张力的最小角度偏移量。柯布西耶在设计拉图雷特修道院的入口角度时就运用了 3° 角偏移，理查德·塞拉设计的倾斜钢板也与 90° 直角有 3° 的偏移。3° 是能制造强烈视觉差异的最小角度模数。

展厅的原始梁距为 7.5 米。这些梁能用来悬挂吊顶，除此之外，我们也能基于 2.5×3=7.5 这个算式来建立 2.5 的模数。这一模数随后能建立 2.5、5、7.5、10、12.5、15、17.5、20 米这些不同层级的空间尺度。其中，2.5 米与公共展览空间设计中的最小走廊宽度十分接近；5 米是衡量空间尺寸的最低数字；当空间尺寸达到 10 米时，空间轴线就变得明显起来；当空间尺寸达到 20 米时，轴向关系就变得不可忽略了。

墙面高度曾是展览设计中的一大难题。7 楼展厅挑高为 8 米，吊顶上方是开放的结构和钢制天花板。因为人眼位置的高度约为 1.6 米，并基于 1.6×3=4.8 这个算式，我们再次利用 3 的倍数关系。考虑到墙面上会展示许多大幅的图纸和照片，其中一部分图纸和照片的尺寸接近于大型当代绘画，而 4.8 米是当代绘画展常规展厅的理想高度，我们最终将展厅内搭建所有体块和长墙的高度定为 4.8 米。4.8 这个数字也是此次展览使用的所有标准建筑材料模数的两倍，比如石膏板的高度就是 2.4 米。

7 个三角的故事

以三角形为基础模块无疑是对贝聿铭的一种致敬。贝聿铭的许多标志性建筑项目均以三角形为设计模块。例如，大卢浮宫改造项目和香港中银大厦使用了底角为 45° 的等腰三角形（这样的三角形是正方形的四分之一）。苏州博物馆和香山饭店的屋顶，以及多哈的伊斯兰艺术博物馆的一部分建筑也用到了三角形模块。此外，华盛顿的美国国家美术馆东馆别具匠心地采用了 39° 和 70.5° 的模块，使该建筑的一部分外缘墙体构成了刀刃状的 19.5° ，这一设计相当著名。这些三角形被拉伸至多层的高度，在城市空间宛如纪念碑一般的存在。

当参观者的视线触及它们，一种崇高感会油然而生。

本次展览设计中使用的三角形模块有三种度数：27°（锐角）、63°（缓角）、90°（直角）；共设置了七种三角形体量（体块），最大的三角形边长近 30 米，最小的三角形边长仅 3 米。另外，我们将最后一个三角形的角度微调了 3°，以此制造出虚假的透视，使空间看上去更长，也让在走廊末端播放的伊斯兰艺术博物馆的影像显得比实际距离更远。展览中有五个三角形体量设有壁龛，形成五个相似的三角形负空间。

所有轴向搭建的展墙通过平行排列，形成多条单点透视的走廊，宛如室内的街道，导向逐渐缩小的视点。但走廊的墙面在转角处变化为角形体量，形成动态的两点透视。转角处的墙面夹角为 27° 或 63°，均小于 90°，能让观众感受到极具戏剧性的两点透视。这种设计会引导观众不断从一种透视切换到另一种透视，感知“向内空间”与“向外空间”的交替。这种节奏变化贯穿于各个展览板块，打破矩形空间原本的单调。此外，构建多重视角也能制造出多种体验空间的方式。例如，壁龛（有灯光设计的负空间）能让观众窥视体块内部，窗口或墙体开洞能让观众的视线穿透空间，观众还能在空间中漫步并环视浮岛一般的小型三角形体块。由此，三角形体量（体块）与不同的行动方式和尺度相结合，能产生各种变化。

时间走廊与东方轴线

展厅空间分为六个主要展厅区域，对应展览内容的六个板块，此外还有主空间外的导言门厅和展览结尾处的影像区。六个展览板块按策展脉络陈列了逾 400 件来自 M+ 博物馆的展品，涵盖贝聿铭在麻省理工学院和哈佛大学就读的学生时代的项目、在齐肯多夫公司工作的早期职业生涯的项目、具有代表性的博物馆项目，以及晚年的建筑杰作伊斯兰艺术博物馆。伊斯兰艺术博物馆的展览内容临近展厅出口处。每个展览板块自成一体，又随空间转折而相互交融，观众游走于几何形的空间矩阵之间,仿佛在展厅内经历了一次精彩的旅途。

如果展览动线被设计成一个强制性的闭环，观众从一个板块走到另一个板块，没有停顿与休息，那么整个观展体验会有些信息过载和不自在。正因为观看 400 余件与建筑相关的展品对观众的要求远远高于观看 400 余幅绘画，我们必须考虑观众是否会在博物馆中感到疲劳。因此，在设计位于展厅主轴线上的走廊时，我们并不是以展览功能为出发点，而是在这条展厅中最长的走廊两端分别呈现美国国家美术馆东馆的模型和伊斯兰艺术博物馆的巨幅影像。由此，这条空间中的对角线成为一条贯通第三板块和第六板块，并串联起贝聿铭跨越 40 年的两大代表作的“时间走廊”。这条走廊释放了空间的强制次序，形成了自由流动的可能性，也为观众们迂回、漫游、穿插提供了空间中最重要的虚无中轴线。

在展厅中央，艺术家徐冰的装置作品《背后的故事 3》穿透主轴线的展墙墙体，让轴线的构成变得更复杂。这件作品最初的长度为 9 米，后减为 7.8 米。作品有一面为中国传统山水画风格的绘画长卷，另一面则是由干枯的植物与报纸、塑料膜等日常物品组成的拼贴。光线透过实物拼贴的那一面，在绘画的那面投射出如梦似幻的光影。我们将这件作品置于“时间走廊”内部，实物的那面朝向第二板块，绘画的那面朝向第五板块。第二板块的主题是“地产与城市再开发”，展示了贝聿铭较为务实的早期项目。第五板块的主题是“材料与结构创新”，展示了贝聿铭最具社会影响力的项目。观众可以从四个位置体验徐冰的作品：第一，在第二板块透过墙上的数个方形开口窥见绘画的背面；第二，在第三板块，沿着主轴线远观作品；第三，在第五板块，透过墙上的长窗口，目睹观众们在绘画前走来走去；第四，在展览的结尾处回望作品，视线分别经过三个三角形体块，遥望“时间走廊”另一端的美国国家美术馆东馆的模型。让观者从四种不同的角度观看同一件作品，并且串联起贝聿铭职业生涯的四个不同阶段，这一空间布局不仅暗示了他有机的、非线性的创作过程，还反映了中国山水画是贝聿铭设计的核心基因，尤其是苏州园林对其的影响根植于这位建筑师的创作。这一条带有时间性的“东方轴线” 的布置和“时间走廊”形成交叉，成为展览空间的核心元素。

光的平衡

本次展览的展品数量庞大，需要均匀地照明，以确保每件展品清晰可辨，并降低观众的视觉疲劳。舞台效果的照明又能强化展厅中模型的建筑体量感。如何平衡匀光和特写灯光是照明设计的一大挑战。

由于展厅与博物馆外部黄浦江江景只有一墙之隔，以及存在着由少量建筑支撑结构构成的视觉阻挡，我们曾考虑在展厅外墙高处开设数个菱形窗口，将自然光引入展厅，让移动的日光为空间注入生机。但由于一部分珍贵的历史展品十分脆弱，忌日光照射，我们不得不放弃这个主意，而是在这些窗口位置以人工光源替代自然光。在现在的设计中，每个三角形体量内部的壁龛中都安装着悬浮天花灯，以均匀的光线照亮下方的模型与图纸，同时凸显负空间的体量感，使“虚空”与“实体”具有同样的分量。

一致性、连贯性、恒久性

我们力图通过一种系统性的组织安排，来创造、延续并揭示一种高水平的一致性。这种一致性贯穿在展览的局部与整体之间，也贯穿在展览的局部与局部之间。虽然展品及其陈列方式在类型和尺寸上有很大的差异，但我们以一致性为原则来布局，就仍然能为观众提供连贯的观看体验。我们希望以这种方式，来反映贝聿铭建筑作品中蕴含的一致性和连

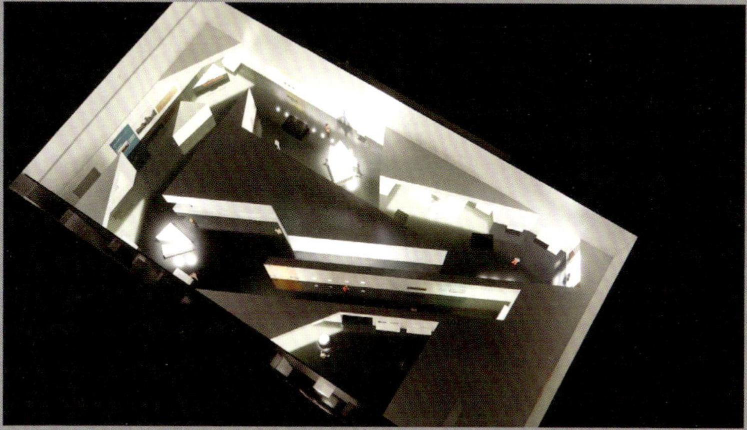

柯卫，展厅空间设计及照明效果。图片提供：柯卫工作室

贯性。一致并不意味着完全相同或机械重复，它更像是一种“分形”，在局部与整体之间形成一种有规则可循的动态关联。正如维托里奥·格雷戈蒂（Vittorio Gregotti）所言：“建筑基本的一致性原则正在消逝，不论是局部之间的，内部与外部之间的，内容、主题与意义之间的，还是形式与结构之间的一致性，无一例外。”

贝聿铭的建筑项目不论是以三角形、方形、立方体，还是以金字塔形为基本模块，均展现出高度的一致性，最终达成一种完美。在美国国家美术馆东馆、卢浮宫、香港中银大厦等大型项目中，局部与局部、局部与整体有着清晰、稳定的关系，从而让建筑物庞大体量易于被理解，消解了压迫感。在这些设计中，他将角的度数和动势相同但边长不一的三角形元素，以不同的规模，在不同的方向上重复，从而为空间赋予了一种合理性。贝聿铭的建筑具有一致性、连贯性、恒久性的特质，不仅抵抗着自然的侵蚀，还抵御着时间的流逝。本次展览设计旨在通过平面、体量、空间和动线来重现这种品质——展览本身即是一座6000立方米的“建筑”。

贝聿铭作品的“崇高性”和“时间性”

从空间的角度来看，我认为贝聿铭最出色的作品皆以纯粹的几何形状与体量作为基本模块，比如卢浮宫、美国国家美术馆东馆、香港中银大厦，以及伊斯兰艺术博物馆。就像巴赫，他对一个单一的元素进行重复、倍增、倒置、镜像，让其以多种分形的方式展开，最终构成一个聚合体，进而形成具有一定体量与规模的完整作品。贝聿铭常将自己的设计方法与巴赫的音乐相提并论。中银大厦庞大的体块或卢浮宫的玻璃金字塔并不显得具有压倒性或令人费解。我们能够清晰地理解，它们巨大的尺寸与体积是更小的模块的精确集合，这些建筑呈现出一种系统化、逻辑性的构成方式。这种方法使贝聿铭的大型项目带有一种“崇高性”的特质——建筑的巨大体量与纪念性，在人们对其进行理解与感知的过程中可被化约为更小的尺度，甚至具有人的尺度。这与德国哲学家康德的自然美学中谈及的“崇高感”非常接近。

从时间的角度来看，贝聿铭的作品常常跨越时间的轴线。他对卢浮宫的设计不只是一个聪明的空间解决方案，它在建造方式和视觉效果上也相当前卫。而玻璃金字塔作为几何体能够与法国文化中对古代文明的认同与想象直接产生关联，让人们立刻联想到巴黎协和广场上的埃及方尖碑和戴高乐广场上的凯旋门。贝聿铭对时间的感知呼应着苏州园林的建造方式：太湖石常被置于河湖之中，往往等待数十年才被后人开采使用。一座苏州园林在建成后也不被视为完成品，而是处于不断生成与延续的状态。贝聿铭的许多作品都体现出这种时间感——它们被创造出来，是为了在时间中扎根生长，开花结果。

后记

我与贝聿铭初次接触是在 2000 年。彼时我是一名初出茅庐的设计师，在詹姆斯·波尔谢克（James Polshek）的建筑事务所工作，是华盛顿新闻博物馆的设计团队的一员。我们项目的用地正对着贝聿铭设计的美国国家美术馆东馆——这座城市纪念碑一般的建筑由三角形体块构筑而成，棱角的力量感沿着宾夕法尼亚大道延伸，这条大道也是美国首都华盛顿城市网格中的一条斜轴。华盛顿新闻博物馆的用地正对

柯卫，华盛顿新闻博物馆（左下）与美国国家美术馆东馆（右上）的位置关系图。

图片提供：柯卫工作室

着美国国家美术馆西馆坚实的建筑，斜角方向对着贝聿铭设计的东馆的三角形体块及其几何轴线。若要在此地再建一座有近似长宽高的建筑，必将陷入建筑物实体之间的对抗关系。

我提出一个方案，以空间的透明性与层叠性来让新闻博物馆与美国国家美术馆东馆形成互补：让层叠的空间与坚实的体块对话、透明的轻盈与实体的厚重对话。这两座建筑物坐落于宾夕法尼亚大道，美国国家美术馆东馆是收藏和保护艺术品的城市纪念碑，新闻博物馆则是彰显开放、通透、临时性、外部可见等特点，容纳和传递新闻传媒理念的半透明几何矩阵。它们均以对角线轴线为构筑空间的出发点，隔着街道相望，在华盛顿最富活力的斜轴上相互对话。

编者注：本文作者系上海当代艺术博物馆“贝聿铭：人生如建筑”展览（2025 年 4 月 26 日—8 月 10 日）的设计者，本文撰写于展览开幕前夕。本文译者：婷玉（英译中）

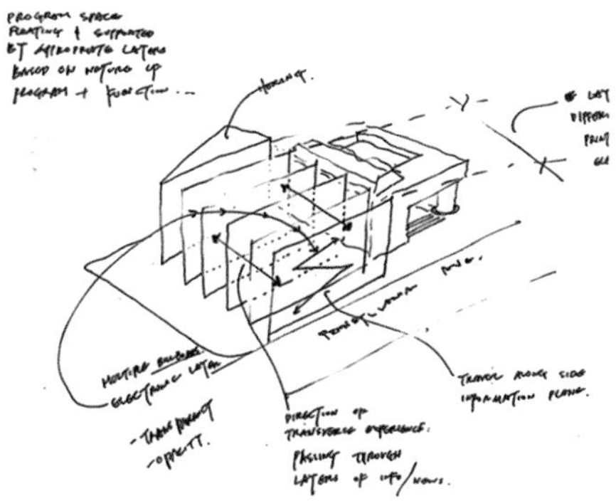

柯卫，华盛顿新闻博物馆的设计图手稿。图片提供：柯卫工作室

柯卫，华盛顿新闻博物馆的设计模型。图片提供：柯卫工作室

贝聿铭生平

1917 年

贝聿铭 4 月 26 日生于广州。

1927 年

贝聿铭随家人移居上海，在上海青年会中学入学。

1931 年

贝聿铭在圣约翰大学附属中学入学。

1935 年

贝聿铭前往美国，起先短暂就读于宾夕法尼亚大学，后就读于麻省理工学院。

1940 年

贝聿铭在麻省理工学院取得建筑学学士学位。

1942 年

贝聿铭在哈佛大学设计研究生院入学，攻读硕士。他与卢淑华结婚。

1943 年

贝聿铭休学。他加入美国新泽西州普林斯顿的国防部科研委员会。

1945 年

贝聿铭在哈佛大学设计研究生院复学。他的长子贝定中出生。

1946 年

贝聿铭在哈佛大学取得建筑学硕士学位。他被哈佛大学设计研究生院聘为讲师，后成为助理教授。他的次子贝建中出生。

贝聿铭与同事一同工作。

图源：Science History Images / Alamy Stock Photo

20 世纪 50 年代的贝聿铭。

图源：Science History Images / Alamy Stock Photo

贝聿铭在纽约，1956 年 9 月。
图源：BM Vintage Images / Alamy Stock Photo

贝聿铭与约翰·肯尼迪总统图书馆建筑模型。© Pei Cobb Freed & Partners

1948 年

贝聿铭加入威廉·齐肯多夫的韦伯纳普公司，担任建筑研究部主管。

1949 年

贝聿铭的三子贝礼中出生。

1951 年

贝聿铭获得哈佛大学设计研究生院的奖学金，首次访问欧洲。

1954 年

贝聿铭获得建筑师执业资格。他加入美国国籍。

1955 年

贝聿铭成立贝聿铭建筑事务所（I.M.Pei & Associates）。

1960 年

贝聿铭的四女贝莲出生。他的建筑事务所与韦伯纳普公司脱离。

1964 年

贝聿铭成为美国建筑师学会会员。

1966 年

贝聿铭建筑事务所更名为贝聿铭及合伙人事务所（I.M.Pei & Partners）。他的办公室搬至纽约麦迪逊大道 600 号。

1968 年

贝聿铭及合伙人事务所获美国建筑师学会建筑事务所奖。

1972 年

贝建中加入贝聿铭及合伙人事务所。

贝聿铭在约翰·肯尼迪总统图书馆的建设工地，1977 年。
图源：JFK Library，摄影：Allan Goodrich

贝聿铭，1980 年。
图源：Robert Clay / Alamy Stock Photo

美国俄亥俄州克利夫兰，当摇滚名人堂和博物馆的最后一根横梁将要被吊起时，贝聿铭在众人面前讲话，1994 年 7 月 29 日。
图源：Bill Ragan/Alamy Stock Photo

1974 年

贝聿铭以美国建筑师学会文化交流团成员的身份访问中国。

1976 年

贝礼中加入贝聿铭及合伙人事务所。

1979 年

贝聿铭获美国建筑师学会金奖。

1983 年

贝聿铭获普利兹克建筑奖。

1989 年

贝聿铭及合伙人事务所重组为贝考弗及合伙人事务所（Pei Cobb Freed & Partners）。

1990 年

贝聿铭从贝考弗及合伙人事务所退休，其后独立执业。

1992 年

贝聿铭支持三个儿子成立贝氏合伙制建筑师事务所（Pei Partnership Architects）。2019 年，该事务所改名为贝氏建筑事务所（Pei Architects）。

2010 年

贝聿铭获英国皇家建筑师学会金奖。

2019 年

贝聿铭 5 月 16 日逝世。

贝聿铭出席苏州博物馆开馆活动，

2006 年中秋。

图源：苏州博物馆

摄影：周馨，2006 年

获得英国皇家建筑师学会金奖的贝聿铭，

2010 年 2 月 10 日。

图源：Arcaid Images / Alamy Stock Photo

摄影：Morley von Sternberg

晚年的贝聿铭在巴黎卢浮宫的拿破仑广场。图源：frederic REGLAIN / Alamy Stock Photo

贝聿铭主要建筑作品和规划项目

1949—1950 年

海湾石油公司办公大楼，美国佐治亚州亚特兰大

1949—1952 年

韦伯纳普公司总部，美国纽约州纽约

1951—1956 年

罗斯福购物广场，美国纽约州加登城

1951—1957 年

富兰克林国家银行，美国纽约州加登城

1952 年

贝聿铭住宅，美国纽约州卡托纳

1952—1956 年

里高中心，美国科罗拉多州丹佛

1953—1961 年

华盛顿市中心大厦，美国华盛顿特区

1953—1962 年

华盛顿西南区城市改造，美国华盛顿特区

1954—1960 年

齐肯多夫大厦，美国科罗拉多州丹佛

1954—1963 年

东海大学和路思义纪念教堂，中国台湾台中市

1955—1962 年

玛丽城广场，加拿大蒙特利尔

1956—1961 年

海德公园总体规划，美国芝加哥

1957 年

哈特福德再开发计划，美国康涅狄格州哈特福德

1957 年

华盛顿广场东部城市更新计划，美国费城

1957—1962 年

基普斯湾大厦，美国纽约

1957—1964 年

社会山，美国费城

1958—1964 年

华盛顿大厦公寓（一期工程，矮楼），美国宾夕法尼亚州匹兹堡

1959—1964 年

塞西尔和艾达 · 格林地球科学中心，美国马萨诸塞州剑桥

1959—1969 年

美国大使馆，乌拉圭蒙得维的亚

1960 年

伊利维尤社区重建计划，美国俄亥俄州克利夫兰

1960—1961 年

波士顿政府中心，美国波士顿

1960—1963 年

东西方中心，美国夏威夷州马努阿

1960—1966 年

纽约大学大学广场，美国纽约

1960—1970 年

肯尼迪国际机场国家航空航站楼，美国纽约

1961 年

波士顿市区北部社区改造计划，美国波士顿

1961 年

雪城大学新闻学院纽豪斯通信中心，美国纽约州雪城

1961 年

布什奈尔大厦，美国康涅狄格州哈特福德

1961—1963 年

韦伯斯特山城市改造计划，美国罗得岛州普罗维登斯

1961—1965 年

世纪城公寓，美国洛杉矶

1961—1967 年

美国国家大气研究中心，美国科罗拉多州博尔德

1961—1968 年

艾弗森博物馆，美国纽约州雪城

1961—1968 年

朗方大厦，美国华盛顿特区

1962—1965 年

联邦航空管理局航空管制塔台，美国不同地区

1962—1971 年

纽约州立大学，美国纽约州弗雷多尼亚

1963 年

中央商业区发展计划，美国俄克拉何马州俄克拉何马

1963—1967 年

南加利福尼州立大学霍夫曼楼，美国洛杉矶

1963—1967 年

新学院，美国佛罗里达州萨拉索塔

1963—1971 年

克里奥·罗杰斯纪念图书馆，美国印第安纳州哥伦布

1963—1971 年

美国人寿保险公司总部（威尔明顿大楼），美国特拉华州威尔明顿

1964—1970 年

麻省理工学院卡米尔·爱德华·德瑞夫斯化学楼，美国马萨诸塞州剑桥

1964—1971 年

海港塔楼，美国波士顿

1964—1973 年

基督科学中心（总体规划），美国波士顿

1964—1979 年

约翰·肯尼迪总统图书馆暨博物馆，美国马萨诸塞州多切斯特

1965—1968 年

得梅因艺术中心增建项目，美国爱荷华州得梅因

1965—1969 年

坦迪家博物馆，美国得克萨斯州沃斯堡

1965—1970 年

宝丽来办公室和制造中心，美国马萨诸塞州沃尔瑟姆

1965—1973 年

加拿大帝国商业银行，加拿大多伦多

1966 年

宝丽来大厦选址研究，美国波士顿

1966 年

艾萨克 · 沃弗森爵士发展计划，以色列耶路撒冷

1966—1968 年

美国国家大气研究中心弗莱什曼楼，美国科罗拉多州博尔德

1966—1969 年

贝德福德 - 史蒂文森超级街区，美国纽约

1966—1977 年

达拉斯市政厅，美国得克萨斯州达拉斯

1966—1977 年

巴尔的摩世贸中心，美国巴尔的摩

1967—1976 年

约翰 · 汉考克大厦，美国波士顿

1968—1969 年
哥伦比亚大学综合总体规划，美国纽约

1968—1971 年
阿灵顿国家公墓罗伯特 · 肯尼迪之墓，
美国弗吉尼亚州阿灵顿

1968—1973 年
康奈尔大学赫伯特 · 约翰逊艺术博物馆，
美国纽约州伊萨卡

1968—1973 年
纽约松树街 88 号，美国纽约

1968—1973 年
乔特学校保罗 · 梅隆艺术中心，美国
康涅狄格州沃灵福德

1968—1976 年
罗切斯特大学威尔逊学生活动中心，
美国纽约州罗切斯特

1968—1978 年
美国国家美术馆东馆，美国华盛顿特区

1969—1970 年
1970 年世界博览会中国台湾馆，日本大阪

1969—1972 年
来福士国际中心，新加坡

1969—1986 年
来福士城，新加坡

1970—1976 年
华侨银行大厦，新加坡

1970—1981 年
柯林斯大厦，澳大利亚墨尔本

1971—1973 年
普林斯顿大学劳拉·斯佩尔曼·洛克菲勒学生宿舍，美国新泽西州普林斯顿

1972—1976 年
麻省理工学院拉尔夫·朗道化学工程大楼，美国马萨诸塞州剑桥

1972—1976 年
美国国家商业银行大楼，美国内布拉斯加州林肯

1973 年
卓越教育大学村，美国得克萨斯州达拉斯

1974 年
克莱尔码头 / 来福士广场发展研究，新加坡

1974—1982 年
印第安纳大学美术馆和学术楼，美国印第安纳州布卢明顿

1975 年
新加坡河发展项目，新加坡

1975 年
弥敦道概念设计，新加坡

1975 年
乌节路修建性详细规划，新加坡

1977—1981 年
波士顿美术馆西翼，美国波士顿

1977—1981 年

阿克佐那集团总部，美国北卡罗来纳州阿什维尔

1977—1982 年

新宁大厦，中国香港

1977—1984 年

IBM 办公大楼，美国纽约州帕切斯

1978 年

麻省理工学院西北校区发展规划，美国马萨诸塞州剑桥

1978—1982 年

得克萨斯商业银行大厦，美国休斯敦

1978—1983 年

美孚石油研发中心，美国克萨斯州达拉斯

1978—1983 年

波特兰美术馆查尔斯 · 希普曼 · 佩森大楼，美国缅因州波特兰

1978—1984 年

麻省理工学院艺术与媒体技术中心威斯纳大楼，美国马萨诸塞州剑桥

1979—1982 年

香山饭店，中国北京

1979—1986 年

雅各布 · K. 贾维茨会展中心，美国纽约

1979—1986 年

必能宝公司总部，美国康涅狄格州斯坦福德

1980 年

联合工程 / 罗伯森码头发展概念计划，新加坡

1980—1981 年

东湾发展计划，美国纽约

1980—1986 年

中央信托银行 / 迈阿密大厦，美国迈阿密

1981 年

美国驻华大使馆用地需求提案，中国北京

1981—1989 年

莫顿 · H. 梅尔森交响乐中心，美国得克萨斯州达拉斯

1981—1990 年

港威大厦，新加坡

1981—1990 年

新门广场大楼，新加坡

1982—1985 年

IBM 总部入口，美国纽约州阿蒙克

1982—1986 年

联合银行大厦，美国得克萨斯州达拉斯

1982—1989 年

中银大厦，中国香港

1983—1989 年

大卢浮宫（一期工程），法国巴黎

1983—1989 年

IBM 园区，美国纽约州萨默斯

1983—1992 年
西奈山医学中心古根海姆楼，美国纽约

1985—1989 年
乔特－罗斯玛丽中学科学中心，美国
康涅狄格州沃灵福德

1986—1989 年
创新艺人经纪公司大楼，美国加利福尼亚州
比弗利山

1986—1991 年
瑞士信贷第一波士顿银行大楼，英国伦敦

1986—1993 年
美国大屠杀纪念博物馆，美国华盛顿特区

1987—1990 年
约翰·肯尼迪总统图书馆暨博物馆扩建，
美国马萨诸塞州多切斯特

1987—1995 年
摇滚名人堂和博物馆，美国俄亥俄州
克利夫兰

1988—1990 年
“天使的喜悦”钟楼，日本滋贺县信乐町

1988—1991 年
皇冠中心，美国密苏里州堪萨斯城

1988—1999 年
巴塞罗那世贸中心，西班牙巴塞罗那

1989—1993 年
四季酒店，美国纽约

1989—1993 年
大卢浮宫（二期工程），法国巴黎

1989—1999 年
巴克老年研究所，美国加利福尼亚州马林县

1991—1997 年
美秀美术馆，日本滋贺县信乐町

1994—2001 年
中国银行总部大楼，中国北京

1995—1999 年
韩国常驻联合国代表处大楼，美国纽约

1995—2006 年
让大公现代艺术馆，卢森堡基希贝格

1996—2003 年
德国历史博物馆，德国柏林

1999—2003 年
奥尔亭，英国威尔特郡

1999—2008 年
苏州博物馆，中国苏州

2000—2006 年
罗纳德·里根加州大学洛杉矶分校医疗中心，美国洛杉矶

2000—2008 年
伊斯兰艺术博物馆，卡塔尔多哈

2000—2008 年
中国大使馆，美国华盛顿特区

2002—2009 年

澳门科学馆，中国澳门

2008—2012 年

美秀美学院中等教育学校礼拜堂，日本滋贺县信乐町

撰稿人（按文章顺序排列）

林兵

美国哥伦比亚大学建筑与城市设计硕士，联合创建了 OLI 建筑设计事务所。1998 年至 2010 年任职于美国贝氏建筑事务所，并担任亚洲区代表，参与了苏州博物馆、中国驻美国大使馆等重要项目的设计。受贝聿铭先生邀请，编写、校审了《贝聿铭谈贝聿铭》和《贝聿铭全集》中文版。2017 年受邀担任苏州美术馆“贝聿铭文献展”策展人。

李虎

清华大学建筑学学士，美国莱斯大学建筑学硕士。OPEN 建筑事务所创始合伙人，哈佛大学设计研究生院丹下健三教席客座教授，清华大学及中央美院建筑学院特聘设计导师。曾任美国斯蒂文·霍尔建筑师事务所合伙人，美国哥伦比亚大学 GSAPP 北京建筑中心（Studio-X）负责人。

唐克扬

哈佛大学设计学博士。清华大学未来实验室首席研究员，建筑学院、美术学院博士生导师。建筑师、策展人、建筑写作者。曾担任 2010 年威尼斯建筑双年展中国馆策展人，主持 2011 年中国国家美术馆的国际建筑竞赛技术工作。

刘克成

现为西安建筑科技大学建筑学院教授，陕西省古迹遗址保护工程技术研究中心主任。曾任国际建筑协会建筑遗产与文化特征委员会首任主席，亚澳建筑遗产工作组首任主任，国际 DOCOMOMO 中国委员会主席，西安建筑科技大学建筑学院院长。

丁沃沃

南京大学建筑学系的创始成员之一，南京大学建筑与城市规划学院前院长，现为建筑与城市规划学院教授，兼任院学术委员会主任和未来城市与人类环境中心主任。

柳亦春

大舍建筑设计事务所创始合伙人，主持建筑师。同济大学建筑与城规学院客座教授，国家一级注册建筑师，教授级高级工程师，上海市工程勘察设计大师，英国皇家建筑师协会特许会员。

黄文菁

清华大学建筑学学士，美国普林斯顿大学建筑学硕士。OPEN 建筑事务所创始合伙人，哈佛大学设计研究生院丹下健三教席客座教授，美国纽约州注册建筑师，美国建筑师协会会员。曾任贝考弗及合伙人事务所理事，清华大学、中央美术学院建筑学院特聘设计导师及香港大学建筑学院客座助理教授。

张永和

美国注册建筑师及美国建筑师协会院士，“非常建筑”创始人及主持建筑师，美国麻省理工学院实践教授。毕业于伯克利加利福尼亚大学建筑系，获建筑硕士学位。曾在美国和中国的多所建筑学校任教，2005 至 2010 年任美国麻省理工学院建筑系主任。2011 至 2017 年任普利兹克建筑奖评选委员会评委。

徐冰

最具国际影响力的中国当代艺术家之一。作品曾在中国美术馆、纽约现代艺术博物馆、大都会艺术博物馆、大英博物馆、维多利亚与艾尔伯特博物馆等艺术机构展出。多次参加威尼斯双年展、悉尼双年展、圣保罗双年展等国际双年展。曾获麦克阿瑟天才奖、徐悲鸿艺术创作奖等奖项。现为中央美术学院教授。

柯卫（James Wei Ke）

CHIASMUS Partners 建筑事务所创始合伙人。先后毕业于加州伯克利大学和哥伦比亚大学。曾于苏黎世理工大学从事城市类型学研究，曾在哥伦比亚大学、纽约理工学院、同济大学、首尔市立大学等大学任教。担任了“贝聿铭：人生如建筑”上海站（上海当代艺术博物馆，2025 年）的展览设计。

图书在版编目（CIP）数据
与贝聿铭同行 / 上海当代艺术博物馆编 . -- 上海 : 上海人民美术出版社 , 2025. 6.（2025.9重印）
-- ISBN 978-7-5586-3219-8
Ⅰ. TU-867.12
中国国家版本馆 CIP 数据核字第 202599BQ47 号

与贝聿铭同行

编 者：上海当代艺术博物馆
主 编：龚 彦
统 筹：蔺 佳
出品人：侯培东
总策划：邱孟瑜
责任编辑：沈丹青
技术编辑：王 泓
整体设计：陶 雷
内文排版：沈嘉伟
文字整理：周翠梅
出版发行：上海人民美術出版社
（上海市闵行区号景路 159 弄 A 座 7F 邮编：201101）
印 刷：上海颛辉印刷厂有限公司
开 本：890×1240 1/32 6.25 印张
版 次：2025 年 6 月第 1 版
印 次：2025 年 9 月第 2 次
书 号：ISBN 978-7-5586-3219-8
定 价：118.00 元

I.M.Pei

I.M.Pei